志村史夫

社会人のための
物理学 Ⅰ
古典物理学

牧野出版

まえがき

われわれは、生涯、いろいろなことを勉強するのであるが、何のために勉強するのであろうか。もちろん、個人によって、時期によって、また内容によって、その理由、目的はさまざまである。

自分の仕事に直結することや資格試験のためのものではなく、たとえば、必ずしも「その道」の専門家になるわけではない一般の人が、多分、日常生活で実際に使うことはないと思われる高等数学や物理学を学校で履修するのはどうしてなのか。ほとんどの学校で、数学は必修になっている。高校、大学の必修の数学の主要な部分は微分・積分であるが、一般的社会生活の中で微分・積分を実際に使うことはまったくといってよいほどないであろう。さまざまな関数にしてもしかりである。

このような勉強をなぜ必修しなければならないのか。

それを勉強しないと卒業できないから、などというのは賢い人の答ではない。

正しい答を簡潔にいえば、「科学的態度」を身につけるためである。

科学的態度の基盤は客観的事実、先人が積み上げてきた知識であり、科学的態度とはこれらを総合的に、論理的に"きちんと筋道立てて考える"態度である。

自然科学の分野で、いままでに幾多の天才が現われているが、中でも、文句なしに"天才中の天才"と呼んでよいのは17世紀から18世紀にかけて、物理学、数学、天文学の体系化、理論化を行なったイギリスのニュートン（1642-1727）である。このニュートンが「もし、私がほかの人よりも遠くを見ることができるとすれば、それは、私が巨人たちの肩の上に乗っているからだ」といっているが、私は、この謙虚であると同時に「科学とはいかなるものであるか」を的確に述べている言葉が大好きである。ニュートンがいう「巨人たち」というのは、ニュートン以前のアリストテレ

ス（前384‐前322）、コペルニクス（1473‐1543）、ガリレイ（1564‐1642）、ケプラー（1571‐1630）らの自然哲学者、科学者たちのことである。ニュートンが物理学、数学、天文学を体系化できたのは、もちろんニュートン自身の天才性に負うところが大きいが、先人たちの努力、その成果としての知識が基盤になっているのである。そのことを、ニュートンは「巨人たちの肩の上に乗っている」といっている。そして、ニュートンの肩の上に乗るのがファラデイ（1791‐1867）、マクスウエル（1831‐79）、ローレンツ（1853‐1928）、アインシュタイン（1879‐1955）らの科学者である。

このように、科学は人類の叡智の積み重ねなのである。もちろん、科学は万能ではないし、科学的に理解できないことはまだまだたくさんあるが、積み重ねられた叡智が簡単に崩れることはないし、われわれが"筋道立てて考える"上で、十分に信頼できる基盤である。われわれは、物事をきちんと筋道立てて考える科学的態度によって、最近跡を絶たない、さまざまな詐欺やニセ科学の被害から自分の身を守ることは容易である。日常生活や仕事のさまざまな場面で、きちんと筋道立てて考える科学的態度は、物事を見誤らず、種々の問題を解決するための強力な武器となる。

本書『社会人のための物理学Ⅰ　古典物理学』は「社会人のための物理学」3部作の第1巻である（以下『社会人のための物理学Ⅱ　物質とエネルギー』、『社会人のための物理学Ⅲ　現代物理学』）。なぜ、あえて「社会人のための」と冠したかといえば、読者に「試験」を前提とした「学校の物理」から離れ、純粋に知的好奇心を楽しんでいただきたいと思ったからである。もちろん、読者を「社会人」に限定するものではなく、「試験」から離れ、純粋に知的好奇心を楽しみたいと思う「学生」のみなさんにも是非読んでいただきたいのである。

世の中に「物理は難しい」「物理は面白くない」と思っている人が多いことを私は知っている。

ここで、私は声を大にして「物理」を弁護したいと思うのである。

多くの人に「物理は難しい」「物理は面白くない」と思わせてしまった元凶は「学校で教わる物理」特に「入試のための物理」なのであり、「物理」

そのものではないのである。

　なにも「物理」に限ったことではないが、入試対策として要求される最も重要なことは、教科書に書かれた事項や公式を理屈抜きに暗記し、「問題」の「答」（それは必ず存在する！）を機械的に、そして効率よく見つけることである。

　しかし、これらは、物理を含む自然科学や数学を学ぶ（そして、究極的には楽しむ）上で、「最も避けなければならないこと」なのである。最も重要なことは、理屈抜きに「感動する」こと、そして素直に「なぜだろう」と不思議に思うことである。そして、自然科学や数学の楽しみは「理屈を考えること」にある。人間の智慧と比べれば自然はきわめて雄大、深淵、不可思議である。

　普段、あまり意識することはないと思うが、日常生活に密接に関係する物理は少なくないのだ。私は、自分自身の体験から、身近な事例を物理的に考えてみることによって、誰でも物理を好きになれる、物理をちょっとでも学ぶと日常生活さらには人生がとても楽しく豊かになる、ということを確信する。

　本書にはたくさんの数式が登場するが、それは事項を「定量的」に理解する上での助けになるものであり「定性的」に理解する上では必ずしも必要ではない。数式にアレルギーがある読者には数式をパスして読んでいただいてもかまわない。とにかく、私は多くの人に「物理」を楽しんでいただきたいのである。

社会人のための物理学Ⅰ　古典物理学

目　次 contents

まえがき ………………………………………………… 1

第 1 章　序論

- 科学の源流 ………………………………………… 16
- 近代科学の確立 …………………………………… 17
- 自然界の大きさ …………………………………… 18
- 古典物理学と現代物理学 ………………………… 20
- 物理学と数学 ……………………………………… 22
- 物理量の単位と記号 ……………………………… 30

第 2 章　力と運動

2.1　速さと速度

- 速さ ………………………………………………… 34
- 微分法の応用 ……………………………………… 37
- 速度 ………………………………………………… 44
- 相対的な速さ ……………………………………… 45
- 加速、減速と加速度 ……………………………… 47
- 走行距離・速さ・加速度 ………………………… 48

2.2 運動と力

重さと質量 …………………………………………… 50
実際の物体と質点 …………………………………… 51
ニュートンの運動の3法則 ………………………… 52
圧力 …………………………………………………… 55
運動量と力積 ………………………………………… 58

2.3 重力による運動

落下現象 ……………………………………………… 64
鉛直投げ上げ運動と放物運動 ……………………… 67
地球を周回する人工衛星、宇宙ステーション … 71
「無重力状態」は正しいか ………………………… 73

2.4 円運動

等速円運動 …………………………………………… 75
弧度法と角速度 ……………………………………… 76

第3章　振動と波

3.1　振動

バネ振動 ……………………………………………… 81
バネ振動の等時性 …………………………………… 85
単振り子 ……………………………………………… 86
等速円運動と単振動 ………………………………… 89
弾性体のエネルギー ………………………………… 92
単振動のエネルギー ………………………………… 93
減衰振動 ……………………………………………… 96

3.2　波の性質

波の発生 ……………………………………………… 100
波の本質 ……………………………………………… 103
波の定量的記述 ……………………………………… 107
波形 …………………………………………………… 109
波面 …………………………………………………… 111
横波と縦波 …………………………………………… 112
水面の波 ……………………………………………… 113
地震の波 ……………………………………………… 115

3.3 音

- 音の発生と媒質 ……………………… 118
- 音の強さ ……………………………… 120
- 音速 …………………………………… 123
- 音の3要素 …………………………… 127
- 弦の振動 ……………………………… 130
- 気柱の振動 …………………………… 134
- 超音波 ………………………………… 137

3.4 波動現象

- ホイヘンスの原理 …………………… 139
- 反射 …………………………………… 140
- 屈折 …………………………………… 142
- 回折 …………………………………… 147
- 重ね合わせの原理 …………………… 148
- 干渉 …………………………………… 151
- 薄膜の干渉 …………………………… 155
- ニュートンリング …………………… 158
- 偏光 …………………………………… 160
- ドップラー効果 ……………………… 162

第 4 章　光と色

4.1　光

光の伝播 ……………………………………………… 169
光とは何か …………………………………………… 172
電磁波 ………………………………………………… 176

4.2　幾何光学

凸レンズと凹レンズ ………………………………… 179
レンズの焦点 ………………………………………… 180
凸レンズによる像 …………………………………… 181
顕微鏡野の原理 ……………………………………… 185
凹レンズによる像 …………………………………… 186
めがねによる視力の矯正 …………………………… 188
球面鏡 ………………………………………………… 190
凹面鏡による反射と像 ……………………………… 190
凸面鏡による反射と像 ……………………………… 194

4.3 色

光と色 …………………………………………………… 197
光のスペクトルと虹 …………………………………… 197
色とは何か ……………………………………………… 201
物に色があるか ………………………………………… 203
青い空 …………………………………………………… 206
朝日と夕日 ……………………………………………… 207

第5章　電気と磁気

5.1　電気

電荷 ……………………………………………………… 210
電場とクーロン力 ……………………………………… 212
水流と電流 ……………………………………………… 215
電気抵抗と電気抵抗率 ………………………………… 218
電力 ……………………………………………………… 220

5.2 磁気

磁荷と磁力線 ……………………………… 221
磁気力と磁場 ……………………………… 223

5.3 電気と磁気の相互作用

電磁相互作用 ……………………………… 224
アンペール力 ……………………………… 228
ローレンツ力 ……………………………… 230
サイクロトロン …………………………… 231
電磁誘導 …………………………………… 235
発電とモーター …………………………… 237
マクスウエルの方程式 …………………… 242
電磁波の予測と発見 ……………………… 248
天才ファラデイ …………………………… 250

参考図書　254

装丁 ○ 緒方修一／LAUGH IN

本文デザイン ○ 小田純子

社会人のための物理学 I

古典物理学

第1章 序論

科学の源流

　人類の科学・技術の歴史は古代オリエントに始まったといえるだろう[1]。
　古代オリエントとは、インダス川から西の地中海にいたるイラン、イラク、シリア、パレスチナ、エジプトを含めた広大な地域に生まれた古代文明世界を指す。
　この地域の人々は農耕を通じて、天文学（暦の作成）、地学・力学（治水、灌漑土木工事）、金属学・鉱物学（各種器具製作）、幾何学・代数学（土地測量）などの"実学"を発達させていった。また、農耕に使役する家畜の飼育を通じて、生理学や医学の知識も必然的に増していった。このように考えると、約1万年前の農耕・牧畜の"発明"がいかに広範な領域の学問の発達を促したか、改めて驚かされる。
　古代オリエント地域の神官らによって、生活のための"実学"に加え、自然現象の解釈や説明も行なわれたが、それらは呪術的、宗教的な域を出なかった。あれだけ知性溢れる古代オリエント人ならば"実学"を"科学"へと発展させるのは必然のように思えるのだが、なぜそれが呪術的、宗教的な域に留まってしまったのか。不思議なことである。
　単純にいえば、この地域の祭政一致の専制国家形態が、実学から科学への発展を妨げたようである。やはり、その後の幾多の歴史的事実も示しているように、科学の発展には思想の自由が保障されることが不可欠なのだと思われる。
　オリエント諸国から多くの技術や知識を吸収し、それらを体系化、理論化し、**自然哲学**という形に大成したのは古代ギリシャ人である。この"哲学"はギリシャ語の"philosophia（英語の philosophy）"の訳語で、この語は"philo-（〜を愛する）"と"-sophia（知、技、学）"の合成語である。
　当時の農耕、牧畜生活のことを考えれば、古代オリエント人や古代ギリ

シャ人の知識や学問の対象が"自然"に向けられたのは当然のことだった。

　古代ギリシャ以前のオリエントにおいては、不可解な自然現象、あるいは"自然"そのものが"神の所為"と説明されたため、それ以上の"科学的"追究は行なわれ得なかった。しかし、古代ギリシャの"賢人"たちは神に"救い"を求めることなく、思弁的・哲学的とはいえ、すべての自然現象を物質の結合と分離で説明しようとしたのである。天地の根源を神ではなく、自然に求める物質的探究の姿勢である。そして、古代ギリシャのこのような自然哲学が科学の源流となった。

近代科学の確立

　すべての物質がアトモス（**不可分割素**）と空隙から成るという"哲学"は2500年ほど前に確立されたが、それが科学的に実証されるのは近年になってからのことである。

　その発端は、17世紀になり、ヨーロッパにおいてガリレイやニュートンら"近代科学の父"によって"物理学"（いずれ「古典物理学」とよばれる）が大成されたことである。それは人類史の中のいくつかの"画期"の一つとして挙げられるほど革命的な近代科学の形成を意味する。この近代科学から必然的に生み出される近代技術をも含み、ドイツの哲学者・ヤスパース（1883-1969）は「真に新たなもの、根本からして全然別個なもの、……それどころかギリシャ人さえ知らなかったものといえば、ひとり近代ヨーロッパの科学と技術あるのみである」「とにかく17世紀以降、ヨーロッパをあらゆる文化とは違ったものとしたのは、この科学なのである」[2]とまでいっている。

　このような近代科学の推進力となったのが、ベーコン（1561-1626）の「自然支配の理念」とデカルト（1596-1650）の「機械論的自然観」であった。

　ベーコンは、二千数百年の間、ヨーロッパを支配していた自然哲学を土台にした学問に代わるべき新しい学問を打ち立てようとした哲学者であり、

また科学者でもある。近代科学の出発点といわれる実証主義思想はベーコンに発しているのである。ベーコンは、まず資料を集め、それを整理、分類した上で、実験と観察に基づく帰納的方法を重視した。そして、人間を自然から切り離して客観化し、人間による自然支配の方法を確立することを目的とした。古代ギリシャの"思弁的・哲学的自然観"を、自然が力学の法則に従う"機械"とみなす"機械論的自然観"へと転換させたのは、この近代科学である。

機械論的自然観に基づき、物質に関する知識を最初に体系化したのは、観察と実験が基礎であることを強調したイギリスのボイル（1627-91）である。

ボイルは、形や大きさの異なるアトモスがいくつかあり、これらが集まって作られる物質が元素であり、すべての物質はこれらの元素のさまざまな配合によって生じる、と説いた。そして、ギリシャ自然哲学以来の**4元素説**を否定し、多数の元素の発見の可能性を示唆したのである。新しい、真に科学的な物質研究の道はボイルによって開かれたといってよいだろう。

自然界の大きさ

意識するしないにかかわらず、われわれは素粒子の極小の世界から宇宙の極大の世界の中で生きている。その両極の間の自然界にはさまざまな大きさの物が存在するが、それらが"大きい"か"小さい"は相対的なものである。

日本の真言宗の開祖・空海（774-835）は、物の大きさや量が相対的あることを「ガンジス河の砂粒の数も、宇宙の広がりから考えれば多いとはいえず、また全自然の視野から見れば、微細な塵芥も決して小さいとはいえない」[3]と述べている。つまり、人間の認識の基準はあくまでも相対的なものであり、相対的な基準を尺度としたのでは、真の自然、世界を見極めることはできない、と戒めているのである。

ここで、自然界の物の大きさを比較してみよう。われわれが物の大きさ

を考えるには、われわれの"日常的長さ"であるメートル［m］を基準単位にするのがよい。人間の大きさのオーダーを1［m］として、自然界のさまざまな物の大きさを指数の物差しで比較すると図1.1のようになる。

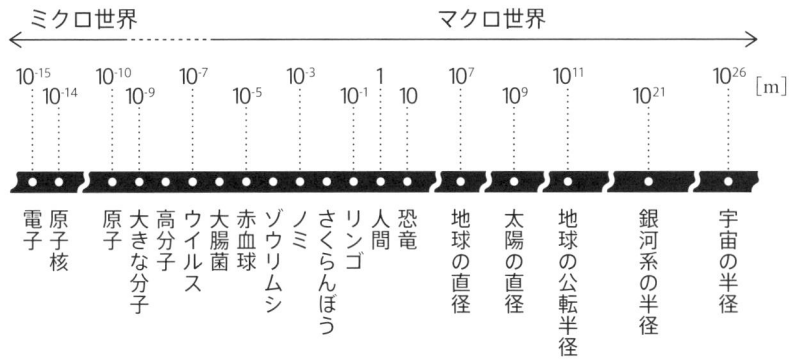

図 1.1　自然界の物の大きさの比較
（原康夫「量子の不思議」中公新書、1985 より　一部改変）

ゼロ（0）がたくさん並ぶ数を簡単に表現できる指数はまことに便利な記数法なのであるが、数値を指数で表わしてしまうと、その大きさに実感が湧かない。たとえば、宇宙を仮想的な球状とすると、その大きさは

$$1.5 \times 10^{26} \text{ m} = 150000000000000000000000000 \text{ m}$$

である。日常的な感覚では極めて大きな物体と思われる地球の大きさが

$$6357000 \text{ m}$$

だから、宇宙がまさに想像を絶する大きさであることが感じられるだろう。

また、小さい方では、すべての物質を構成する原子の大きさは100億分の1m、つまり

$$10^{-10} \text{ m} = 0.00000000001 \text{ m}$$

である。われわれの日常的感覚からすれば、1mの100億分の1という大きさは想像を絶するほど小さい。さらに、原子同士の結合、エレクトロニクス分野などなどで決定的に重要なはたらきをする電子は原子よりも5桁ほど小さく

$$10^{-15} \text{ m} = 0.0000000000000001 \text{ m}$$

である。
　われわれの周囲にも自然界にも図1.1に示すようなさまざまな大きさの物が存在するが、物理の世界では一般に、原子の大きさ程度以下の世界を微視的（ミクロスコピック）世界、略して「**ミクロ世界**」とよんでいる。一方、われわれの日常的感覚に合致する"普通の大きさ"の世界から宇宙規模の巨大な世界までを巨視的（マクロスコピック）世界、略して「**マクロ世界**」とよぶ。この中間の世界は「メゾスコピック世界」とよばれるが、それぞれの境界は必ずしも明確ではない。
　いずれにせよ、ミクロ世界からマクロ世界は互いに密接な関係を保ちながら連続的につながっているのである。

古典物理学と現代物理学

　20世紀には**自然観革命**が起こるのであるが、それは具体的には現代物理学（相対性理論と量子論）の誕生を指す。
　現代物理学に対比されるのが、19世紀までに確立されていたニュートン力学、電磁気学を基盤とする古典物理学である。もちろん、物理学に

"古典"が冠せられるようになったのは"現代"物理学が誕生してからのことである。

　古典物理学は、人間的スケールから宇宙スケールまでのマクロ世界の現象を見事に説明するし、また見事に予言もする。

　しかし、20世紀に入り、種々の観測技術、コンピューターの飛躍的進歩に伴い、原子や電子などのミクロ世界の研究が盛んになると、従来の物理学、つまり、後に古典物理学とよばれることになる物理学ではどうしても説明できない問題（難題）が続出した。

　このミクロ世界の新しい難題を説明するために考え出された「量子物理学」が現代物理学の根幹を成すことになる。ちなみに「量子」とは「物理量（エネルギー）の最小の単位・粒」のことである。

　もちろん、古典物理学も量子物理学も、同じ自然を扱うのだから、その両者に矛盾はないし、古典物理学が間違っていたというわけでもない。事実、たとえば、宇宙ステーションを打ち上げ地球を周回させるのも、人間を月まで運び地球に帰還させるのも古典物理学のたまものである。ただ、古典物理学ではミクロ世界の現象を説明できないということである。

　たとえば、われわれの身体自体はマクロ世界に属する存在であるが、その身体は、ミクロ世界に属する原子、素粒子で形成されているのである。そのようなミクロ世界の"素材"とマクロ世界の"身体"との間に断絶あるいは矛盾があったら、われわれは自分自身のことも、自然界のこともわけがわからなくなってしまう。

　もう一度、繰り返す。

　マクロ世界の現象を説明するのが古典物理学であり、ミクロ世界の現象を説明するのが量子物理学であるが、その両者間に断絶も矛盾もない。古典物理学でミクロ世界の現象を説明することはできないが、量子物理学はマクロ世界の現象も説明できる。つまり、古典物理学は量子物理学に包含されるのである。

　もう一つの「自然観革命」は時間と空間に関係する。

　古典物理学の基本的、絶対的な基盤であった「絶対時間」と「絶対空間」

がアインシュタインの「相対性理論」によって否定されたのである。

われわれの"常識"で考えれば、時間と空間はまったく別のモノであるが、相対性理論によって、それらを別個に、独立に扱うことはできず、それぞれが密接に関係する「時空」として扱わなければならなくなった。

20世紀の「自然観革命」の核を成す「量子物理学」と「相対性理論」を骨子とする物理学を「現代物理学」と称する。

本書が述べるのは古典物理学である。現代物理学については『社会人のための 物理学Ⅲ 現代物理学』で詳述する。

物理学と数学

空中で手に持った物を離せば必ず落下する。地震の時など、棚の上から物が自然に落下する。水泳の「飛び込み」という競技も、選手が必ず下のプールに落下するから成り立つのである。エンジントラブルなどによる飛行機の墜落は悲惨な事故である。

物体の落下というのは、われわれにとって最も身近な自然現象の一つである。

このような物体の落下の様子を調べてみると面白いことがわかる。

リンゴの落下から「万有引力の法則」を発見したのはニュートンであるが、物体の落下の様子を詳しく調べた最初の人物は、ニュートンの一世代前の天才・ガリレイである。

物体の落下の様子を正確に調べるのに、現在ではマルチストロボとよばれる装置とカメラがある。マルチストロボは、数十分の1秒という一定の時間間隔で瞬間的にフラッシュを点滅できる装置である。落下するボールに、このようなフラッシュを当て、シャッターを開放したカメラで撮影する。図1.2はその一例を図示したものである。下へいくほど（落下が進むほど）、一定時間内に落下する距離が長くなっている、つまり、落下が速くなっていることがわかる。

無風状態の日、超高層ビルの屋上から、鉄製のボールを落下させ、その

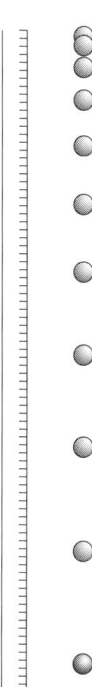

図 1.2　マルチストロボカメラでボールの落下を撮影したものから作図

様子を上記のような方法で観察すると表 1.1 のようなデータが得られる。

　表 1.1 を眺めているだけでは、落下の"法則"が見えてこないが、表 1.1 の「落下時間」と「落下速さ」をグラフ用紙の横軸と縦軸にプロットすると、図 1.3 のような「落下時間（t）と落下速さ（v）との関係」を表わすグラフが得られる。このグラフはなじみ深い「$y = ax$」（a は定数）の「傾き a の（1 次）直線」である。図 1.3 は

$$v = at \tag{1.1}$$

をグラフにしたもので、グラフから直線の傾きaはほぼ9.8〔m/秒²〕という値であることがわかる。つまり、式（1.1）は

$$v = 9.8\,t \tag{1.2}$$

となる。

落下時間 t 〔秒〕	落下距離 d 〔m〕	平均落下速さ v 〔m/秒〕	速さの変化 Δv 〔m/秒〕
0	0		
1	5	5	
2	20	15	10
3	44	24	9
4	78	34	10
5	123	45	11
6	176	53	8
⋮	⋮	⋮	⋮

表1.1　ボールの落下の実験データ

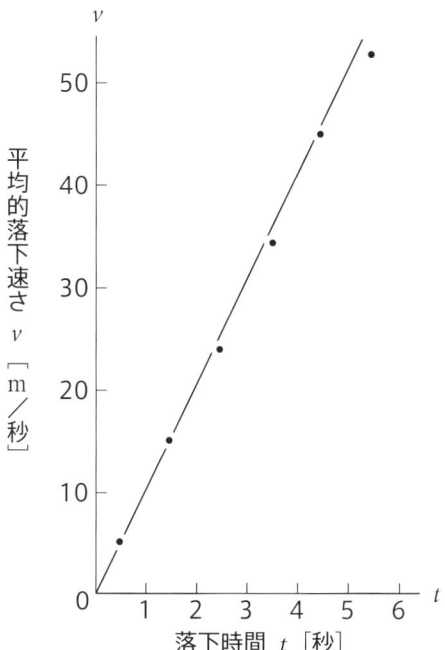

図1.3　落下時間と平均的落下速さの関係

　次に、表1.1の「落下時間」と「落下距離」をグラフ用紙の横軸と縦軸にプロットしていくと、図1.4のような「落下時間（t）と落下距離（d）との関係」を表わすグラフが得られる。このグラフもなじみ深い「$y = ax^2$」（aは定数）の「2次曲線」である。図1.4は

$$d = at^2 \qquad (1.3)$$

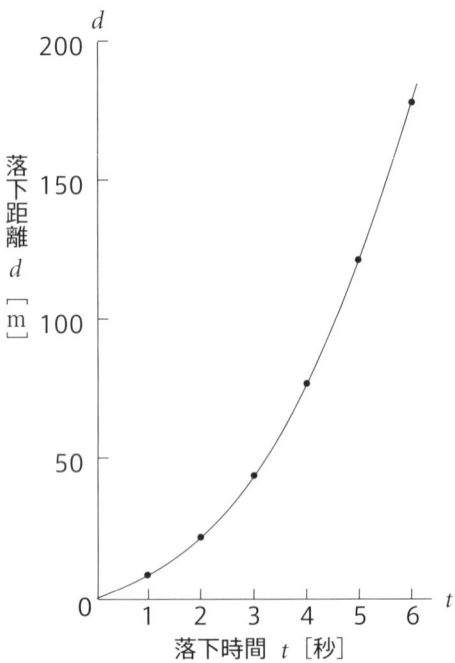

図 1.4　落下時間と落下距離の関係

をグラフにしたもので、表 1.1 のデータから a はほぼ 4.9 [m/秒] という値を持つ定数であることがわかる。つまり、式 (1.3) は

$$d = 4.9 t^2 \tag{1.4}$$

となり、この式を用いれば"何"秒後の落下距離でも、そしてもちろん"何"時間後の落下距離でも正確に求めることができる。また逆に、あるビルの屋上から物体を落下させ、その物体が t 秒後に着地したとすれば、そのビルの高さは $4.9\,t^2$ m であることが計算で求められる。たとえば、5

秒後に着地したとすれば、そのビルの高さは $4.9 \times 5^2 = 122.5$ m ということになる。観測結果を示す図 1.2 から表 1.1 が得られ、表 1.1 から図 1.3、1.4 が得られたのだから当然なのであるが、これらはいずれも、落下が進めば進むほど、つまり落下時間 t が大きくなればなるほど、落下が速くなる（落下速さ v が大きくなる）ことを示している。落下時間 1 秒ごとの落下の速さの増加量を Δv とすると、Δv は落下時間 1 秒を挟んだ前後の速さ v の"差"になるわけで、とても興味深いことに、表 1.1 を見ると、その Δv はどの 1 秒間でもほぼ同じで、多くの観測データから平均値として $\Delta v = 9.8$ [m／秒] が得られるのである。つまり、落下の速さは 1 秒ごとに 9.8 m ずつ増している。「速さが変化している」ということを物理的にいうと「加速度が生じている」ということになるが、"加速度が生じる"ためには、落下する物体（この場合はボール）に、下向きの"何らかの力"が作用しなければならない。じつは、この"何らかの力"がニュートンによって発見された**重力**とよばれるもので、"9.8 [m／秒²]" が**重力加速度**とよばれ、一般的に "gravity（重力）" の頭文字をとった "g" という記号で表わされるものなのである。この g を使うと、式（1.2）、（1.4）はそれぞれ

$$v = gt \tag{1.5}$$

$$d = \left(\frac{g}{2}\right) t^2 \tag{1.6}$$

となる。つまり、"物体の落下"という自然現象の源は、この重力という力だったのである。

ニュートンが発見した「**万有引力の法則**」の"万有"は「宇宙に存在するすべてのもの」という意味で、「万有引力の法則」は「宇宙のすべての物体は宇宙の他のすべての物体を引っ張っている」ということである。つまり、たとえば、2 物体の質量をそれぞれ m_1、m_2、2 物体間の距離を d とすると、この 2 物体間に作用する引力 F は「2 物体の質量の積に比例、距離の 2 乗に反比例」し

$$F = G\left(\frac{m_1 m_2}{d^2}\right) \qquad (1.7)$$

で表わされる。Gは**万有引力定数**あるいは**重力定数**とよばれる定数である。このように、万有引力は物質の**質量**（"重さ"のもと）よって生じる重力である。

　重力は、質量によって生じる物体（質点）間に作用する力である。同じように、2点間に作用する自然界の力に**電気力**がある。

　電気力のもとになるのは、引力の質量に相当する**電荷**であるが、電荷には正電荷と負電荷の2種類があり、同種の電荷間には斥力、異種の電荷間には引力がはたらくという性質がある。このような電荷の存在も、性質も、人間にはまったく関係ない純粋な自然現象である。

　電荷の大きさを表わすのが**電気量**（質量に相当する）であるが、いま、2電荷の電気量をそれぞれ Q_1、Q_2、2電荷間の距離を d とすると、この2電荷間に作用する電気力 F は「2電荷の電気量の積に比例、距離の2乗に反比例」し

$$F = k\left(\frac{Q_1 Q_2}{d^2}\right) \qquad (1.8)$$

で表わされる。kは定数である。ここで、正電荷を $+Q$、負電荷を $-Q$ とすると、同種の電荷間では $+F$、異種の電荷間では $-F$ となるが、$+F$ を斥力、$-F$ を引力と考えればよい。

　やはり自然界に存在し、電気力に似た**磁力**という力がある。

　磁力のもとになるのは、電気力の電荷に相当する**磁荷**であるが、磁荷には電荷の正電荷と負電荷に相当する正負2種類（一般に磁石のS極とN極）があり、同種の磁荷間には斥力、異種の磁荷間には引力がはたらくという電荷と同様の性質がある。このような磁荷の存在も、性質も、人間にはま

ったく関係ない純粋な自然現象である。

　磁荷の大きさを表わすのが**磁気量**であるが、いま、2磁荷の磁気量をそれぞれ M_1、M_2、2磁荷間の距離を d とすると、この2磁荷間に作用する磁力 F は「2磁荷の磁気量の積に比例、距離の2乗に反比例」し

$$F = \mu \left(\frac{M_1 M_2}{d^2} \right) \quad (1.9)$$

で表わされる。μ は定数である。ここで、正磁荷を +M、負磁荷を −M とすると、同種の磁荷間では +F、異種の磁荷間では −F となるが、+F を斥力、−F を引力と考えればよい。電荷の場合とまったく同じである。

　式（1.7）と式（1.8）と式（1.9）を見比べていただきたい。

　自然界に存在するとはいうものの、重力と電気力と磁力というまったく異なる三つの力が、100％人間が創ったまったく同じ形の数式で記述されることに、私は驚嘆するのである。

　じつは、「人間にはまったく関係がない純粋な自然現象が、100％人間が創造した数式で完璧に表現される」という例はほかにもたくさんある[4]。

　近代科学の祖・ガリレイは「自然の書物は数学の言葉によって書かれている」と述べているが、確かに、数や数式のことが少しでもわかると、われわれの自然の理解度も深まり、それが自然の神秘に対する一層の驚嘆にもつながるのである。

　ガリレイは「数学の言葉」というのであるが、私は、数学あるいは数式は「外国語」の一種だと思っている。外国へいった時、外国語ができなくても、身ぶり手ぶりでなんとかなるとは思うが、多少でも外国語を使えた方が何かと便利であるし、外国での楽しみも格段に拡がる。それと同じように、数学や数式という「外国語」は、日常生活において知らなくてもなんとかなるのは事実であるが、多少なりとも知っていれば、自然現象のみならず社会現象も、より明確に理解するのに大いに役立つだろう。

　数や数式に対するアレルギーを持っている人（特に「文系」の人）は少

なくないし、なぜそのようなアレルギーを持ってしまったのか、私にはよくわかる。学校で教わった「数学」、試験のための「数学」がよくなかったのである。

しかし、あらためて"数"というものの歴史や効能を知り、人間とまったく関係ない自然現象が、完全に人間の創造物である数式で表現できることの不思議さを考えてみると、いま、どれだけ数や数式に対するアレルギーを持っている人にもそれらを払拭していただけるのではないかと私は確信する。そして、数、数式、さらには数学、物理学への興味を拡げていただけるものと確信する。

物理量の単位と記号

われわれが観察する物には"大きさ"と"形"がある。物の大きさ（量）を取り扱うには、同じ性質で一定の大きさのもの、つまり単位を決めて、その単位の大きさの何倍であるかを議論しなければならない。この"何倍"の「何」が数値である。

数学ではいうまでもなく、物理でも数値を扱うことが少なくないが、物理で表わされる数値のことを、特に**物理量**という。たとえば、長さ、重さ、時間、速さ、力、エネルギー、温度などである。

一般に、数学で使う数値には単位がないし、なくてもかまわないのであるが、具体的な数量を表現する物理量には単位が必要である。

たとえば「その物体は 100 である」というのは物理的にはまったく意味をなさない。その「100」が長さなのか、重さなのか、速さなのか、あるいは温度なのかで話がまったく異なるからである。

物理量は「数値＋単位」で成り立つ。

われわれが日常的に使う単位のことを考えてみてもわかるように、たとえば、同じ「時間」を表わす単位であっても「秒」、「分」、「時間」、「日」などさまざまなものがある。もちろん、日常生活においてはそれらの単位を場合に応じて使い分ければよいが、物理の世界ではどれか一つに決めて

おいた方が便利である。そこで、国際的な組織で討論され決定された世界共通の「国際単位系（SI）」が使われることになっている。

SI単位はじつに多種多様でややこしいのであるが、それらのほとんどは表1.2に示す7基本単位（特に長さ、質量、時間、電流の4基本単位）の組み合わせでできている。

基本単位の組み合わせでさまざまな物理量が定義され、それらに対応した単位が作られるが、これらの単位を組立単位とよぶ。物理のさまざまな分野で多種多様な組立単位が定められているが、表1.3に本書で扱う物理量と組立単位をまとめておく。

基本単位、組立単位の具体的な意味については、適宜、本文中で説明する。

物理量	単位の名称と単位記号
長　さ	メートル　　［m］
質　量	キログラム　［kg］
時　間	秒　　　　　［s］
電　流	アンペア　　［A］
温　度	ケルビン　　［K］
光　度	カンデラ　　［cd］
物質量	モル　　　　［mol］

表1.2　SI基本単位

物理量	単位の名称と単位記号	組立単位
面積		$m^2 (m \times m)$
体積		$m^3 (m \times m \times m)$
質量密度		kg/m^3
振動数　周波数	ヘルツ [Hz]	$1/s$
速さ		m/s
加速度		m/s^2
力	ニュートン [N]	$kg \cdot m/s^2$
運動量		$kg \cdot m/s$
圧力	パスカル [Pa]	$kg/(m \cdot s^2) (= N/m^2)$
エネルギー	ジュール [J]	$kg \cdot m^2/s^2 (= N \cdot m)$
仕事	ジュール [J]	$kg \cdot m^2/s^2 (= N \cdot m)$
仕事率	ワット [W]	$kg \cdot m^2/s^2 (= J/s)$
湿度	ケルビン [K]	K
熱容量		$kg \cdot m^2/(s^2 \cdot K) (= J/K)$
比熱		$m^2/(s^2 \cdot K) (= J/(kg \cdot K))$
角度		rad
角速度		rad/s
角振動数		rad/s
電荷	クーロン [C]	$A \cdot s$
電位差	ボルト [V]	$kg \cdot m^2/(s^3 \cdot A) (= J/A \cdot s)$
電場		$kg \cdot m/(s^3 \cdot A) (= N/C = V/m)$
電気抵抗	オーム [Ω]	$kg \cdot m^2/(s^3 \cdot A^2) (= V/A)$
磁束	ウェーバー [Wb]	$kg \cdot m^2/(s^2 \cdot A) (= V \cdot s)$
磁束密度	テスラ [T]	$kg/(s^2 \cdot A) (= V \cdot s/m^2)$

表 1.3　本書で扱う SI 組立単位

さきほど、0がたくさん並ぶ数字を扱うのに指数の便利さを述べたが、図1.1に示されるように物理が扱う世界には0がたくさん並ぶ数値が登場する。そこで、10^xのxに対応して、表1.4に示す「SI接頭語」が定められている。表の中の太字の接頭語は比較的頻繁に登場するものである。

　たとえば、「ナノテクノロジー」の「ナノ」は「10^{-9}」の意味で、具体的には「ナノメートル（10^{-9}m）」の意味である。また、天気予報にしばしば登場する気圧の単位である「ヘクトパスカル」の「ヘクト」は「10^2」の意味で具体的には「10^2（＝100）Pa」の意味である。

10^{24}	ヨッタ	Y	10^3	**キロ**	**k**	10^{-9}	**ナノ**	**n**
10^{21}	ゼッタ	Z	10^2	ヘクト	h	10^{-12}	ピコ	p
10^{18}	エクサ	E	10	デカ	da	10^{-15}	フェムト	f
10^{15}	ペタ	P	10^{-1}	デシ	d	10^{-18}	アット	a
10^{12}	テラ	T	10^{-2}	**センチ**	**c**	10^{-21}	セプト	z
10^9	**ギガ（ジガ）**	**G**	10^{-3}	**ミリ**	**m**	10^{-24}	ヨクト	y
10^6	**メガ**	**M**	10^{-6}	**マイクロ**	**μ**			

表1.4　SI接頭語

第2章　力と運動

　われわれの周囲には「動いている物」と「動いていない物」が見えるのであるが、この地球上に動いていない物は何一つ存在しない。いま、地球は毎秒 30 km（時速約 11 万 km）の速さで太陽の周囲を公転し続けているし、さらに毎秒 400 m（時速 1440 km）ほどの速さで自転を続けているからである。広大な宇宙にも動いていない物体は何一つ存在しない。

　しかし、日常生活においては現実的に「動いている物」と「動いていない物」があるし、すべての物が動いていたら、われわれは安穏に暮らせるものではない。たしかに、物理的にいえば、すべての物体は運動しているのであるが、"動いている"とか"止まっている"とかいうのは相対的な話なのである。物理的に「運動」は「物体が時間の経過につれて、その空間的位置を変えること」と定義されるのであるが、その運動の仕方は運動する物体ごとに異なり、一見、きわめて複雑である。しかし、物理学のお蔭で、それらをきわめて簡単な、一般的な形で理解することができる。

　日常的な運動の物理を、日常的な例を通して考えてみよう。

　なお、振動も重要な運動の一つではあるが、一体である波動と共に別章（第3章）で扱うことにする。

2.1　速さと速度

速さ

　いま述べたように、「運動」は「時間の経過」と「空間的な位置」に密接に関係するものである。本書が扱う「古典物理学」においては、この「時

間」も「空間」も絶対的なものであり、互いに独立している。つまり、「時間」と「空間」は互いに影響を与え合うものではない。このような条件下で、運動のことを考えるには、自分が乗物に乗っている場合のことを思い浮かべるのが好都合である。

たとえば自動車でA点からB点に向かって移動（走行）する場合のことを考える。

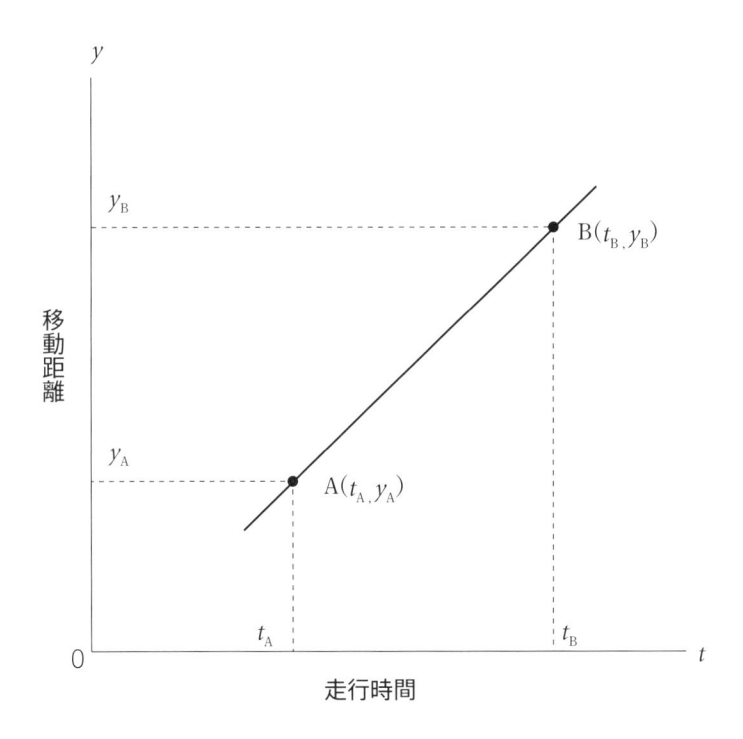

図 2.1　直線運動の時間と移動距離との関係

自動車が一定の速さで走っている**等速運動**の場合、その走行時間と走行距離との関係は図2.1のような直線運動、つまり1次関数のグラフで表わされる。また"平均速さ"で扱われる場合も同様である。速さ ＝ 走行距離

／走行時間だから、図 2.1 に表わされる自動車の速さ v は

$$v = \frac{y(B) - y(A)}{t(B) - t(A)} \tag{2.1}$$

で簡単に求まる。

いま述べた「速さ」は数学的に考えれば、走行時間と走行距離の関係を表わすグラフの"傾き"である。

直線運動のグラフ（1次関数）の場合は話が簡単である。一般的な1次関数 $y = f(x) = ax$ で考えれば、

$$傾き = \frac{ax}{x} = a \tag{2.2}$$

となり、これは、どのような x の区間においても成り立つ。

自動車が直線道路を一定の速さ（等速）で走行している場合、その速さ v、走行時間 t、走行距離 d との関係は

$$速さ v = \frac{距離 d}{時間 t} \tag{2.3}$$

$$距離 d = 速さ v \cdot 時間 t \tag{2.4}$$

$$時間 t = \frac{距離 d}{速さ v} \tag{2.5}$$

で表わされる。

このような関係はいまさら書き記すまでもなく、ドライブする時や乗物に乗って移動している時など、程度の差こそあれ、誰でも意識していることだろう。

式（2.3）～（2.5）は一般式であり、さまざまな単位が適宜用いられる。日常的な乗物では、t には「時間［h］」、d には「キロメートル［km］」が

用いられることが多いので、v は［km／h］（つまり「時速」）になる。ところが、物理の世界で用いられるSI単位は表1.1、1.2に示したようにそれぞれ［秒（s）］、［メートル（m）］、［m／s］である。

微分法の応用

ところが、走行時間と走行距離の関係を表わすグラフが曲線の場合、その傾きを求めるのは少々厄介である。

たとえば、走行（落下）時間と走行（落下）距離との関係が図1.4のような2次曲線で表わされる場合である。各点間の時間はすべて等しい1秒として、式（2.1）にならえば、各点の落下距離の差がそのまま"秒速"ということになる。

つまり、

$$0 \to 1 秒 : 5 [m／秒]$$
$$1 \to 2 : (20 - 5)[m／秒] = 15 [m／秒]$$
$$2 \to 3 : (44 - 20)[m／秒] = 24 [m／秒]$$
$$\vdots$$
$$5 \to 6 : (176 - 123)[m／秒] = 53 [m／秒]$$

である。

このように、各点間、つまり走行時間によって速さは異なる。また、いま述べたことは"1秒ごとの測定"結果であり、各点間の速さは、あくまでも、その1秒間の落下の平均速さであり、実際の速さではないことに留意していただきたい。このように加速あるいは減速運動しているような物体の速さは、瞬間瞬間に絶えず変化しているからである。

走行時間と走行距離の関係を表わすグラフが曲線の場合、その傾きを求める時に役立つのが微分法である。微分法を使えば、いかに複雑な関数で

表わされる「走行時間−走行距離曲線」でも瞬間瞬間の傾き（速さ）を求めることができる。

以下、微分法の復習を兼ねて、「速さ」の数学的定義を確認しておきたい。

微分法を熟知している読者は飛ばして読んでいただいてかまわない。

たとえば、図1.4に示される2次関数 $y = f(x) = x^2$ のグラフの一部を拡大した図2.2でA点 (a, a^2) とB点 (b, b^2) 間の傾きを調べてみよう。

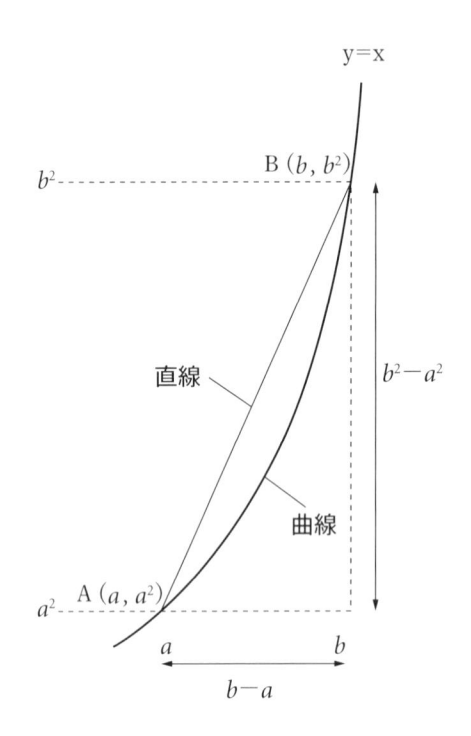

図2.2　曲線（2次関数）の傾き

"傾き"というのは、横に1進んだ時、縦にどれだけ進むか、ということなので、図2.2のA点とB点間の傾きは

$$傾き = \frac{b^2 - a^2}{b - a} \tag{2.6}$$

となる。一見、これで問題なさそうであるが、グラフの位置によって、つまり、2点のとり方によって、グラフ（曲線）の傾きが変わってしまう。たとえば、横方向に同じ1進んだ場合でも、$a = 0$、$b = 1$ であれば傾きは1であるが、$a = 2$、$b = 3$ であれば傾きは5、$a = 3$、$b = 4$ であれば傾きは7になる。これでは"曲線の傾き"を一義的に示すことができない。

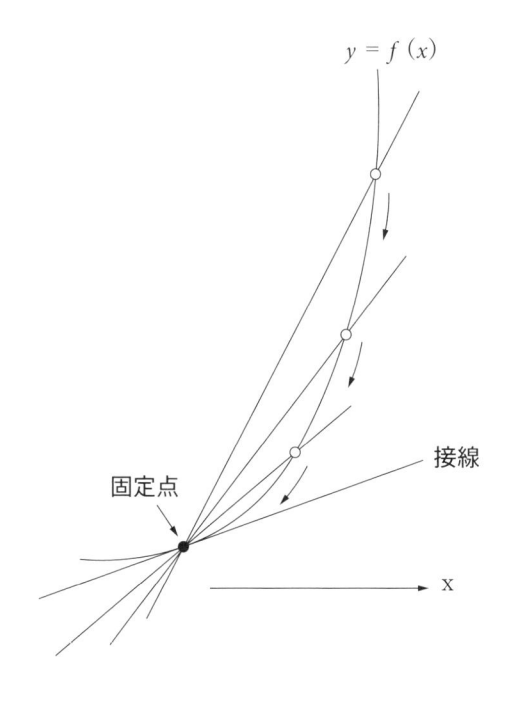

図 2.3　曲線の2点間の点傾きと接線

いま述べた問題は、本来曲線であるのに、図2.2のように、それを直線とみなしたことに起因するのである。

図2.2は、曲線上の2点のとり方によって傾きが変わってしまうことを示しているのであるが、次に、図2.3で1点（●）を固定した場合、もう一方の点（○）のとり方によって曲線の傾き（2点を結ぶ直線の傾き）がどのように変化するか考えてみよう。図のように、○点を固定点●に近づけるに従って、直線の傾きは徐々に変化して（この場合は小さくなって）いく。○を●にどんどん近づけ、○が●に一致する時、この直線は**接線**とよばれる。"接線"の定義は「曲線の1点と接する直線」である。

つまり、曲線のある点（図2.3の●）の傾きは、その点での接線の傾きと同じと考えてよい。そうすれば、どんな曲線であれ、その曲線のすべての点での傾きがそれぞれに決定することになる。

実際、自動車の速度計（後述するように、物理学的には"速さ計"が正しい）は、このような"接線の考え方"に基づいて、瞬間瞬間の速さを求めて速度計に表示しているのである。

どんなに複雑な形をしている曲線でも、その小さな分割要素は直線に近い。分割要素を小さくすればするほど、その"分割線"は、ますます直線と類似してくる。

さきほど、図1.4や図2.2で、式（2.1）を使って速さを求めるのに問題になったのは、それらが曲線だったからである。

そこで、図2.2のA点、B点の間を図2.4のように分割して考えてみよう。つまり、本来は曲線であるが、それを"直線のような曲線"の集まりと考えるのである。

横軸の時間軸を等時間間隔Δtごとに刻む。そして、各時間間隔におけるその移動距離をΔy_j（$j = 1, 2, 3\cdots$）として表示すると、単位時間Δtが経過するたびに、微小距離Δy_j分だけ移動距離が増えることになる。このようにすれば、各単位時間ごとの移動の速さは

$$v = \frac{\Delta y_j}{\Delta t} \quad (j = 1, 2, 3 \cdots) \tag{2.7}$$

となり、その区間の速さの精度は図 2.2、式 (2.6) で与えられる平均速さよりはるかに高くなることが理解できるだろう。時間 Δt で区切られた曲線の"分割要素"はかなり直線に近いからである。これが完全な直線であれば完全な精度を持つ速さになる。

じつは、図 2.4 に示した"分割の思想"を厳密にしたものが"微分法"の考え方の基盤にほかならない。

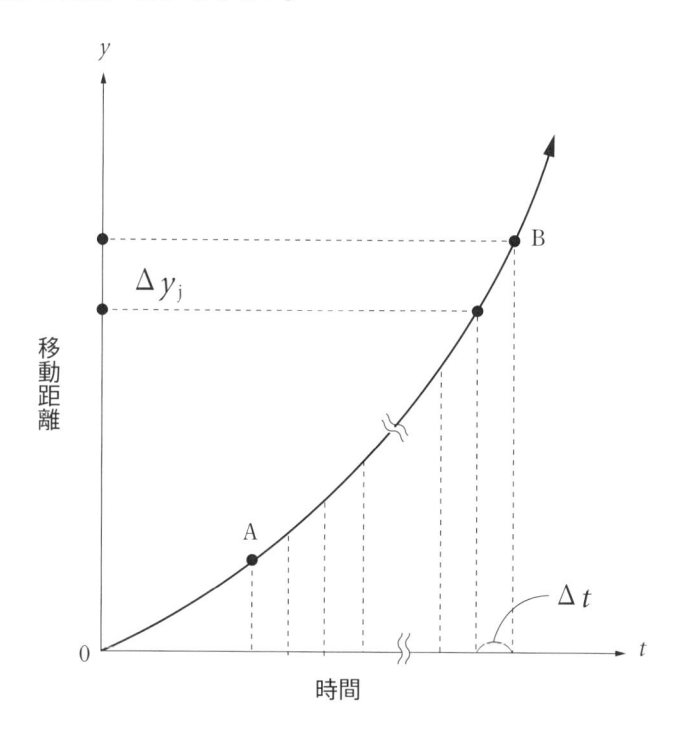

図 2.4　曲線運動の時間と移動距離との関係

図2.2、2.3を数学的に考えてみよう。図2.2の曲線を図2.3にならって、一般的な $y = f(x)$ とする。そして、$b - a = h$ と置く。そうすると、ABの傾きは

$$\frac{f(a+h) - f(a)}{(a+h) - a} = \frac{f(a+h) - f(a)}{h} \quad (2.8)$$

となる。図2.4のように、B点をどんどんA点に近づける（A点、B点を結ぶ直線が接線に近づく）ということは、h をどんどん0に近づけるということと同じである。

　ここで重要なことは、h は限りなく0に近づくが、決して0になってはいけないことである。$h = 0$ になってしまったら、式（2.8）は

$$\frac{f(a+0) - f(a)}{0} = \frac{0}{0} \quad (2.9)$$

となってしまい、意味がなくなってしまう。つまり、"傾き" がなくなってしまうのである。

　そこで、h を極限まで0に近づける（しかし、$h = 0$ にはならない）ということを、"$\lim_{h \to 0}$" という記号で表わすことにする。この "lim" は "limit（限界、極限）" の略で "リミット" あるいは "リム" と読む。つまり、図2.2、2.3に示される "B点をどんどんA点に近づける"、より厳密には "B点を極限までA点に近づける" 時のA点の傾きを数学的に表現すると

$$\lim_{h \to 0} \left(\frac{f(a+h) - f(a)}{h} \right) \quad (2.10)$$

となる。

　式（2.10）によって、ある値が求まるが、このように、ある値に極

限まで近づけていくという計算を極限計算という。そして、図 2.3 と式（2.10）の意味を考えればわかるように、このような極限計算によって、任意の点の"傾き"が求められるのである。

さて、「微分」の本論である。

つまり、「$y = f(x)$ の各点での正確な傾きを求める」ということは

$$\left\lceil \lim_{h \to 0} \left(\frac{f(x+h) - f(x)}{h} \right) を求める \right\rfloor$$

ということなのである。「（曲線を）微小に分ける」ということが「微分」の根本的な考え方であり、結局、曲線（直線は特別な曲線）の傾きを求めることが微分の計算そのものなのである。

図 2.3 の横軸 t を x に置き換え、x 座標を極限まで細かく分けることを「x で微分する」という。
そして、関数 $y = f(x)$ を x を微分する、ということを

$$\frac{dy}{dx} \text{ あるいは } \frac{d}{dx} f(x)$$

という記号で表わす。そして $\frac{dy}{dx}$ は、

$$\frac{dy}{dx} = \lim_{\Delta x \to 0} \frac{\Delta y}{\Delta x} \tag{2.11}$$

と定義される。Δx を 0 に近づけた時（$\lim_{\Delta x \to 0}$）の極限を $y = f(x)$ の微分係数とよぶ。式（2.11）は

$$\frac{dy}{dx} = \lim_{\Delta x \to 0} \frac{\Delta y}{\Delta x} = \lim_{h \to 0} \frac{f(x+h) - f(x)}{h} \qquad (2.12)$$

でもある。

　このように $y = f(x)$ の微分係数を求めることを「y を x で微分する」というのである。つまり、微分とは $y = f(x)$ の微分係数を求めることにほかならず、微分係数を表わす関数のことを導関数とよび、$y = f(x)$ に対して $f'(x)$ あるいは y' という記号が使われる。そして導関数を求めることが「微分する」ということでもある。

　結局、走行距離（y）が走行時間（x）の関数 $y = f(x)$ で表わされる時、それがどのような形の関数であれ、式（2.12）によって、瞬間瞬間（$x = t$）の速さを求めることができる。

速度

　速さは式（2.1）、（2.3）で表わされる「量」（スカラー）であるが、この速さに方向を加えたものを**速度**という。

　たとえば、真北に向かう自動車 A と同じ一定の速さ v で真南に向かっている自動車 B は速さは同じでも速度は異なることになる。

　日常生活においては、速さと速度が厳密に区別されることはないし、それで支障はないが、運動を厳密に扱う物理学においては区別する必要がある。

　速度は"大きさ"のみを表わすスカラー（量）ではなく、"大きさ"と"方向"持つベクトル（太字）で表わすのが好都合である。

　たとえば、交差点 X から速さ v で真北に向かう自動車 A の速度を v とすれば、同じ速さで真南に向かう自動車 B の速度は $-v$ になる。

　ところで、自動車や電車についているスピードメーターが"速度計"とよばれることが多いが、これは正しくない。時速 60 km で真北に向かって

いる時も真南に向かっている時も、その計器が表示するのは"60 km / h"であるが、これは"速度"ではなく"速さ"である。

ちなみに、英語で"速さ"は"speed"、"速度"は"velocity"である。だから、あの計器をスピードメーター（speedometer）とよぶのは正しい。ほとんどの英和辞典では、この"speedometer"に「速度計」という日本語訳をあてているが、これは物理学的には正しくないのである。正しくは「速さ計」と書かれるべきである。

相対的な速さ

列車がいくつも平行に並ぶホームに停まった列車の中から外を見ると、自分が乗った列車が動きだしたのか、対面の列車が動きだしたのか、しばらく判別がつかないことがある。また、東京や大阪のように、何本もの電車が並行して走るようなところでは、互いにかなりの速さで走っているにもかかわらず、ほとんど動いていないように感じることがある。逆に、反対向きに走行する車両がすれ違う場合、特に新幹線などの高速列車に乗っている時に、ものすごい勢いで一瞬のうちに走り去っていく。

高速道路を走行する自動車A〜Fを模式的に描く図2.5を使って、速さの相対性と速度について確認しておこう。

自動車A、Bは80 km / hで同方向に等速直線走行していると考える。Aの運転席からBを見れば、Bは止まっているように見える。もちろん、BからAを見た場合も同じである。両方の自動車のスピードメーターは80 km / hを示し、実際にその速さで走行しているものの、A、Bの互いの相対的速さは

$$80\,\mathrm{km/h} - 80\,\mathrm{km/h} = 0\,\mathrm{km/h}$$

つまり、"止まっている"のと同じである。

Aの速度を+80 km / hとすれば、対向車線を80 km / hの速さで走行するCの速度は−80 km / hで、それらの相対的な速さは

$$80\,\mathrm{km/h} - (-80\,\mathrm{km/h}) = 80\,\mathrm{km/h} + 80\,\mathrm{km/h} = 160\,\mathrm{km/h}$$

となり、互いに 160 km／h の猛スピードですれ違うことになる。もちろん、車外から見れば、A、B と C は、方向は逆であるもののいずれも 80 km／h の速さで走行している。

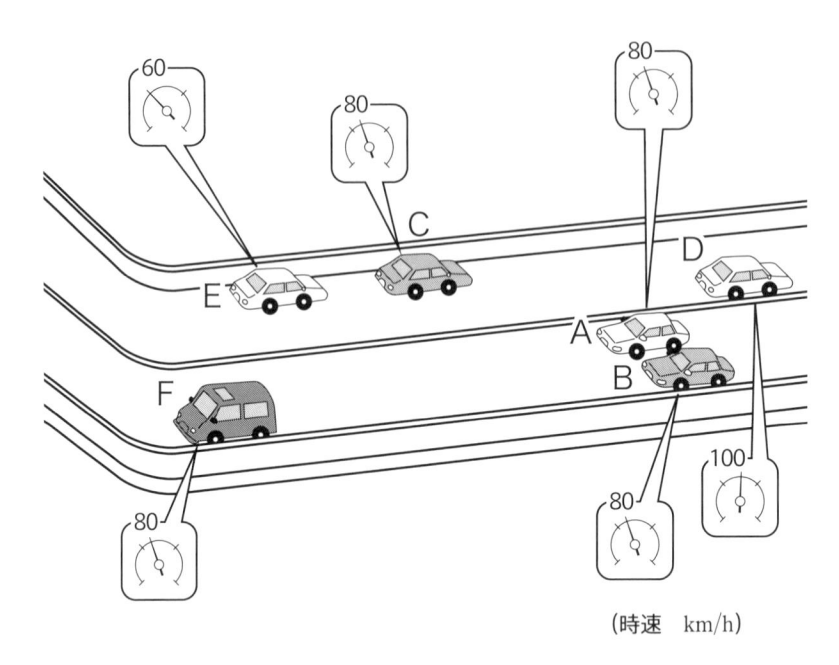

図 2.5　高速道路を走行する自動車

また、80 km／h で走行する C からは 100 km／h で走行する D は 20 km／h で遠ざかっているように見える。同様に、E から C は 20 km／h で遠ざかっているように見える。

ところで、いまここで述べる 80 km／h などの速さは、"静止している" 地面を基準にした上でのことである。しかし、実際の地面、つまり地球は前述のような公転（時速 11 万 km／h）と自転（時速 1440 km／h）をしているし、地球が属する太陽系自体も時々刻々動いているのである。したがって、80 kmm／h などの数値は宇宙から見ればほとんど意味がない、あく

46　第2章 力と運動

までも相対的なものであることがわかるだろう。われわれが、猛スピードで動いている地球の上にいながら、その猛スピードをまったく感じないのは、われわれの周囲の地面を含むすべての物体が、その猛スピードで動いているからである。つまり、図2.5に描かれるAからBを見ているようなものなのである。

加速、減速と加速度

誰でも経験しているように、一般道路で一定の速さで走行できることはまれであり、走行中は前をいく自動車との車間が詰ってブレーキを踏まなければならないこともあるし、信号で止まることもある。

信号でストップした後、ドライバーはアクセルを踏んで速さを増していく。このように速さを増す（加える）ことを加速するという。また、ブレーキを踏んで減速することもある。このような"加速"と"減速"は、日常的に経験していることである。

ここで"速さ"が変化することも含めて、「速度の時間的変化」を**加速度**とし、

$$加速度 = \frac{速度変化}{時間} \tag{2.13}$$

で定義することにする。一般的に、加速度（acceleration）を表わす記号としてa（ベクトル）が使われる。

速さの場合のように、式（2.13）で表わされる加速度を微分式で表現すれば

$$a = \frac{dv}{dt} \tag{2.14}$$

となることが、加速度の定義から明らかであろう。

前述のように、速度には"速さ"と"方向"が含まれるから、"速度変化"は

① 速さの変化
② 方向の変化
③ 速さと方向の変化

のいずれかを意味する。

ここで、日常用語と少々異なるのは、物理学では加速度という言葉が速度（速さ）の増加（文字通りの"加速"）の場合のみならず、減少（減速）の場合にも使われることである。ブレーキを踏んで減速するような場合「負の加速度が生じている」などという。"負の加速度"を日常用語でいえば"減速度"である。なお、加速度の単位は式（2.13）にしたがえば［距離／時間］／［時間］から［距離］／［時間］^{2}になることがわかるだろう（表1.2参照）。

いま述べたのは速度変化のうちの①についてである。

ここで、図2.5の自動車Fを見ていただきたい。FはA、Bと同じ方向に同じ速さ80km／h で、つまり同じ速度で走行しているが、カーブにさしかかりハンドルをきって方向を変えている。つまり、この場合は②の速度変化である。カーブで減速（あるいは加速）すれば③の速度変化になる。

走行距離・速さ・加速度

ついでながら、ここで、走行距離と速さと加速度との関係を「微分と積分」の復習をかねて確認しておこう。

走行距離、速さ、加速度の意味をもう一度まとめると

$$速さ = \frac{走行距離}{時間}$$

$$加速度 = \frac{速さの時間的変化}{時間}$$

である。

　図1.4は式（1.4）の $d = \frac{1}{2}gt^2$ を表わすものであるが、これを簡単に
$$y = 5x^2$$
と考えて、この式で表わされる「走行距離」を出発点として、順次、時間（x）で微分すれば速さ、加速度が得られる。逆に、加速度を出発点として、順次、積分すれば速さ、走行距離が得られる。これらの関係をまとめたのが図2.6である。

　本書の内容とは離れるが、微分と積分の"表裏一体"の関係がはっきりと理解できるのではないだろうか。

　ところで、前述のように速度も加速度もベクトルなので正しくは太字で表記すべきであるが、そのことを承知した上で、以後、煩雑さを避けるために標準文字を使うことにする。

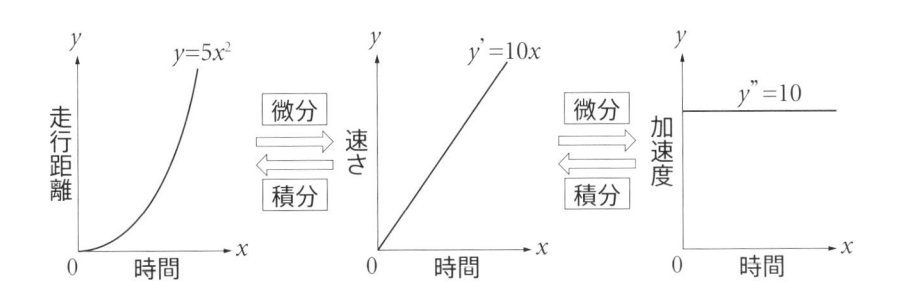

図 2.6　走行距離・速さ・加速度の関係

2.2　運動と力

重さと質量 ....

　いま日常生活に見られる"運動"の一端について述べたのであるが、われわれは日常的経験から"運動の大きさ"が運動する物体の"重さ"と関係することを知っている。つまり、一般的に、重い物体の運動はゆっくりであるし、軽い物体の運動はすばやい。これから、"運動"について、さらに物理的理解を深めるために、ここで"重さ"とは何かについてきちんと考えておこう。

　われわれにとって最も身近な"重さ"は体重ではないだろうか。体重などの重さには [kg] のような単位が使われる。しかし、表 1.1 を見れば [kg] という単位には"重さ"ではなく**質量**という言葉が使われている。"重さ"と"質量"は違うのだろうか。

　じつは、重さと質量は"似たようなもの"ではあるが、厳密には異なり、以下の理由で、物理学で使われるのは質量である。

　質量は、物質の量である。それは、物体あるいは物質が持っている、場所によって変わることがない固有の量の一つであり、簡単にいえば"動きにくさ"を表わす量である。一般に "mass（質量）" の頭文字をとって m という記号で表わされる。

　それに対し、重さ（一般に "weight" の頭文字をとって w という記号で表わされる）は物体、物質にはたらく重力の大きさで、質量に重力加速度 g をかけた量（重量）で

$$w = mg \qquad (2.15)$$

となる。この重力加速度 g については、すでに「序論」（27 ページ）で述

べた。

したがって、われわれは、日常的に「私の体重は 60 キログラムだ」などのようにいうが、これは物理的には正しくない。物理的には「60 キログラム重」と"重"をつけなければならない。この"重"は $w = mg$ の "g" のことである。

重力加速度 g の値は場所によって変化するので、重さも場所によって変化することになる。たとえば、月面の重力加速度は地球表面の重力加速度のおよそ $\frac{1}{6}$ なので、体重 60 kg 重の人が月面で体重を測ればおよそ 10 kg 重となる。

このように、"重さ"は場所によって変わってしまうので、扱いが厄介である。したがって、物理学では場所によって変わることがない固有の量である"質量"を用いるのである。

実際の物体と質点

地球上にある物体には、地球の地面（実際は地球の中心）に向かって重力という力がはたらいており、その重力の作用点を**重心**とよぶ。たとえば、質量 m の実際の物体にはたらく重力を図示する場合、図 2.7(a) に示すように物体の重心から鉛直下向きに矢印を描くのである。しかし、いちいち物体の形を描くのは煩わしいので、図 2.7(b) に示すように物体の大きさを無視して、力の作用点（重心）を大きさがない**質点**として扱う。

なお、一般的に、物体に外部からの力がはたらくと、物体は変形し、力の作用点である重心が移動する。外部から力がはたらいても変形しない、理想的に硬い物体は**剛体**とよばれる。剛体は変形しないので重心の位置が変わらない。したがって、物体の力学的性質を考える場合などに理論的に扱いやすい。以下、本書で扱う物体も特に断わりがない限り剛体であり、それを質点で描くことにする。

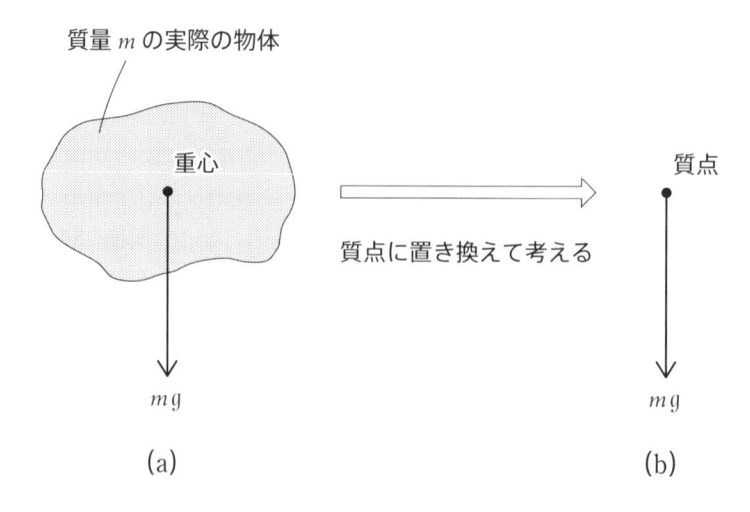

図 2.7　大きさのある実際の物体（a）と質点（b）

ニュートンの運動の 3 法則

　われわれの活動にも、すべての物体の運動にも**力**が必要である。

　社会的な"力"にはさまざまなものがあり、それらの相互作用も複雑であるが、物理学が扱う力は単純明快で「物体の運動状態（速さと方向、つまり速度）を変化させるもの」である。いい方を変えれば、加速度は力によって生まれるのである。物体に力が加えられなければ加速度は生まれない、つまり速度が変化しない（運動の速さも方向も変化しない）、静止した物体は静止し続ける、ということである。これが、ニュートンの**運動の第一法則**あるいは**慣性の法則**とよばれるものである。

　力と加速度（力によって生まれる運動）の大きさを考えれば、加えられた力が大きいほど大きな加速度が生まれることは日常的経験からも明らかだろう。また、加えられた力が同じであれば、質量が大きな物体ほどそこに生まれる加速度が小さい、質量が小さな物体ほどそこに生まれる加速度

が大きいことも経験から明らかである。事実、力（force；F）、質量（m）、加速度（a）の大きさの間には

$$F = ma \quad (2.16)$$

という簡単な関係があり、これを模式的に描いたのが図 2.8 である。なお、a が方向を持つベクトルであることから F もベクトル量である。

さて、じつは、式（2.16）がニュートンの**運動の第二法則**、**運動方程式**であり、これを変形した

$$a = \frac{F}{m} \quad (2.17)$$

を言葉で表現すれば「物体に生じる加速度は、力の大きさに比例し、物体の質量に反比例する」となる。

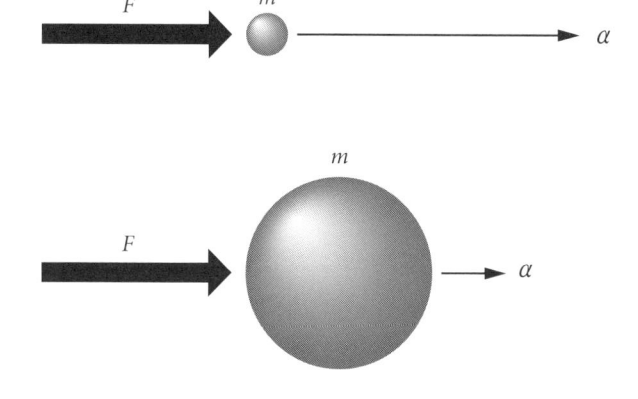

図 2.8　力と物体と加速度との関係

ここで、力の単位について考えてみよう。

式（2.16）右辺の m と a に表1.1、1.2に示されるSI単位を当てはめれば
$$[\text{kg}] \cdot [\text{m/s}^2] = [\text{kg} \cdot \text{m/s}^2]$$
が得られ、1 $[\text{kg} \cdot \text{m/s}^2]$ を 1 $[\text{N}（ニュートン）]$ と定義する（表1.2参照）。

ニュートンの慣性の法則（運動の第一法則）と運動方程式（運動の第二法則）が登場したところで、**作用反作用の法則（運動の第三法則）**についても説明しておこう。

前の2法則が運動する一つの物体に関する法則であるのに対して、作用反作用の法則は力を及ぼし合っている二つの物体の間にはたらく力の関係を述べるものである。つまり、「ある物体Aから別の物体Bに力をはたらかせると、物体Bから物体Aに同じ作用線上で、大きさが等しく、向きが反対の力がはたらく」という法則である。たとえば、図2.9に示すように、物体Aが壁（物体B）に F という力をはたらかせる（作用させる）と、その物体Aは壁（物体B）から $-F$ という力（反作用）を受けるということである。

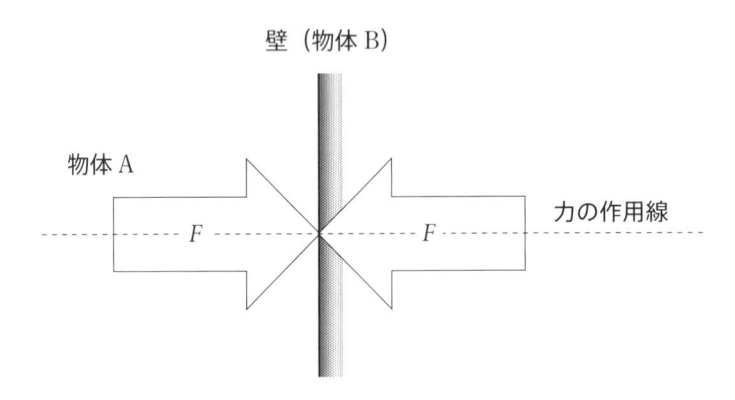

図 2.9　作用反作用の法則

この作用反作用の法則を実感するには、自分の拳でコンクリートの壁を叩いてみるとよい。たたく力の強さに応じた痛みを感じると思うが、それはコンクリートの壁からの"反作用"の力によるものである。ボクシングのハードパンチャーが相手の顎にパンチを加えた時に自分の拳を骨折してしまうことがあるが、これも"反作用"によるものである。

　以上の運動の第一、第二、第三法則をまとめて**ニュートンの運動の3法則**とよぶ。

圧力

　力とともに**圧力**という言葉も日常的にしばしば登場する。簡単にいえば「押さえつける力」のことである。社会的にはさまざまな圧力があり、その中味は複雑であるが、さいわい、力の場合と同様に、物理学が扱う圧力は単純に「互いに押し合う対の力」のことで、これは、図2.9を見れば理解しやすいだろう。

　われわれにとって最も日常的な物理的圧力は気圧（大気圧）かもしれない。気圧は天気予報や天気図の主役でもある。特に、台風がやってきた時は気圧が大きくクローズアップされる。

　圧力の大きさは

$$圧力 = \frac{力}{面積} \tag{2.18}$$

で与えられ、単位面積（1m^2）あたりに1Nの力がはたらいている時の圧力の大きさを1Pa（パスカル）と定義する。つまり

$$1\,[\mathrm{Pa}] = \frac{1\,[\mathrm{N}]}{1\,[\mathrm{m}^2]}$$

となる（表 1.2 参照）。なお、この「Pa（パスカル）」はフランスの数学者、物理学者、そして哲学者でもあるパスカル（1623-62）の名前にちなんだものである。

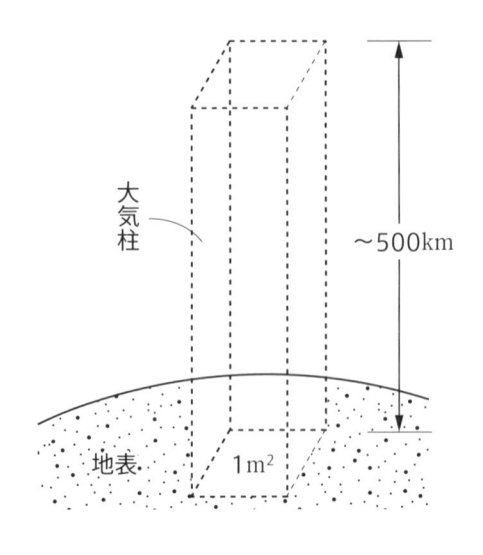

図 2.10　気圧

さて、気圧（大気圧）の"源"は何であろうか。

大気柱が $1\mathrm{m}^2$ の面積に及ぼす圧力である。つまり、気圧というのは大気（空気）の重さがのしかかって生じるものである。一般に、大気が存在する範囲を大気圏、その外側を宇宙空間とよんでいるが、これらの境界を明確に定めることはできない。じつは、地表から 1000 km くらいの高さまではわずかながらも大気（空気）が存在しているのであるが、便宜的に、地表からおよそ 500 km 以下が地球大気圏とされる。そこで、図 2.10 に示すように、$1\mathrm{m} \times 1\mathrm{m} \times 500\mathrm{km}$ の体積の大気が及ぼす圧力が地表（海面）の気圧ということにして、これを 1 気圧（atm）、標準気圧とよぶ。［気圧］と［Pa］との関係は

$$1 [気圧 (\text{atm})] = 1.01325 \times 10^5 [\text{Pa}]$$
$$= 1013.25 [\text{hPa}]$$

となる。

　気柱が1mの面積に及ぼす圧力が気圧だから、上空にいくほど気圧が低くなるのは容易に理解できるが、それに加え図2.10に示す大気柱の大気密度は一定ではなく、上空にいくにつれて気圧は一層低くなり、5km上昇するごとに約$\frac{1}{2}$になることが知られている。

　ここで、ちょっと寄り道をして包丁でなぜ物が切れるのかを考えてみよう。普段、こんなことは考えたことがないと思うが、じつは式（2.18）と密接に関係することなのである。

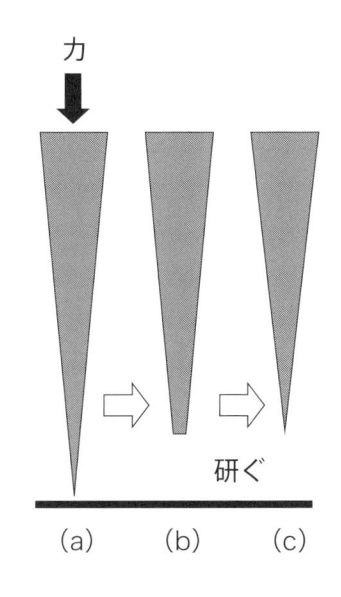

図2.11　包丁はなぜ切れるのか

　包丁の刃の先端は図2.11(a)に示すように非常に薄く研がれている。この刃の上部から力を加えて物を切ろうとするのであるが、式（2.18）右辺の分母の面積が非常に小さいので結果的に左辺の圧力が大きな値になり物

が切れることになる。しばらく使うと切れにくくなるのは図 2.11(b) に示すように包丁やはさみの刃の先端が磨耗して、式 (2.18) 右辺の分母の面積が大きくなり結果的に左辺の圧力が小さな値になってしまうからである。このように磨耗した刃を研ぎ直せば、図 2.11(c) のように再び切れる刃に生まれ変わる。安物の包丁は、切れなくなると使い捨てにされる運命にあるが、板前さんや大工さんが使う高級な包丁や鑿(のみ)などの道具は繰り返し研ぎ直して使われるのが普通だから、それらは次第に小さくなっていく。

運動量と力積

　同じ速さで直線道路を走行する大型トラックと軽自動車が正面衝突したとすれば、軽自動車側の被害が圧倒的に大きいことは容易に想像できる。それは、直感的に重さ（質量）の違いによるものと理解できるだろう。また、重い物体 A と軽い物体 B が同じ速度で動いているとすれば、A を止めるのは B を止めるよりも難しい、つまりより大きな力を必要とすることは誰でも経験から知っている。このような事実は"運動の勢い"の差で理解できるだろう。

　この"運動の勢い"を表わす物理量は**運動量**とよばれ、〈質量×速度〉で定義され、それを P で表わせば

$$P = mv \qquad (2.19)$$

となる。速度が方向の要素を含むベクトル量であるから運動量もベクトル量になる。なお、運動量の単位は、表 1.1、1.2 から［kg・m/s］と導かれる。

　式 (2.19) から明らかなように、運動する物体は質量が大きいか、速度が大きいか、それらの両方が大きい時、大きな運動量を持つのである。だ

から、図 2.12 に模式的に示すように、大型トラックや巨大な船 (a) は小さな速度で動いている時でも大きな運動量を持つし、小さな弾丸 (b) も高速で飛ぶから大きな運動量を持つのである。トラックや弾丸が壁に衝突した時に生じる破壊は式 (2.19) に示される運動量によってもたらされた衝撃力によるものである。

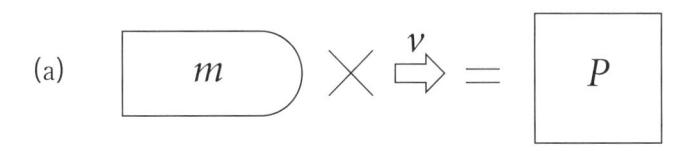

図 2.12　運動量 P

ここで力 F と運動量 P との関係を調べてみよう。

式 (2.14) に示したように、加速度 a は速度 v の時間的変化だから

$$a = \frac{\Delta v}{t} \quad (2.20)$$

と考えることができる。式 (2.16) から求められる $m = F/a$ を式 (2.19) に代入すると

$$P = \left(\frac{F}{a}\right)v \qquad (2.21)$$

となり、ここに式（2.20）を代入すると

$$\Delta P = Ft \qquad (2.22)$$

が得られる。つまり、運動量の変化（ΔP）には、力（F）の大きさとその力がはたらいている時間（t）とが関係していることがわかる。この式（2.22）を言葉で表わせば「力の時間的効果（$F \cdot t$）が運動量 P を生む」あるいは「運動量は時間的な効果である」といえるだろう。

　そこで

$$力（F） \times 時間（t） = 力積 \qquad (2.23)$$

で表わされる**力積**というものを定義する。
　ここで簡単な数式遊びをしてみよう。
　式（2.20）を式（2.16）に代入すると

$$F = m\left(\frac{\Delta v}{t}\right) \qquad (2.24)$$

となり、これから

$$Ft = m\Delta v \qquad (2.25)$$

が得られ、"初めの速度"を $v_初$、"終りの速度"を $v_終$ とすれば

$$\Delta v = v_終 - v_初 \tag{2.26}$$

と考えられるから、式（2.26）を式（2.25）に代入して

$$Ft = mv_終 - mv_初 \tag{2.27}$$

を得る。

　式（2.27）は式（2.23）で定義した力積で、右辺は式（2.19）で定義した運動量の変化にほかならず、結局、式（2.27）と式（2.22）は同じことを示している。つまり、式（2.22）、（2.23）より自明であるが「力積とは運動量の変化のこと」である。

　前述のように「力の時間的効果（Ft）が運動量 P を生む」のであるが、はじめにある運動量を持っていた物体の運動量がゼロになる場合のことを考えてみよう。運動量（$= mv$）がゼロになるということは、$m \neq 0$ だから $v = 0$ になるということである。

　身近な例で、速度 v で疾走する質量 m の自動車が静止する場合のことを考える。

　その自動車は速度が v に達した段階でエンジンを切り、しばらく速度 v のまま惰性で動いているものとする。そのような自動車の停止の仕方の極端な例として、二つの場合を図2.13に示す。(a)は、刈り取られた稲のワラの山に衝突し、徐々に減速して停止する場合である。(b)は、コンクリート・ブロックの壁などに激突して停止する場合である。

　両者いずれの場合も、速度が $v \to 0$ に変化するので、運動量の変化、つまり力積は式（2.27）より

$$Ft = m \cdot 0 - m \cdot v = -mv \qquad (2.28)$$

となる。この"$-m \cdot v$"の"$-$"は、54ページで述べた反作用を表わしている。

しかし、(a)、(b) の自動車が受ける衝撃はまったく異なることは図 2.13 を見るまでもなく明らかであるが、そのことを物理的に考えてみよう。

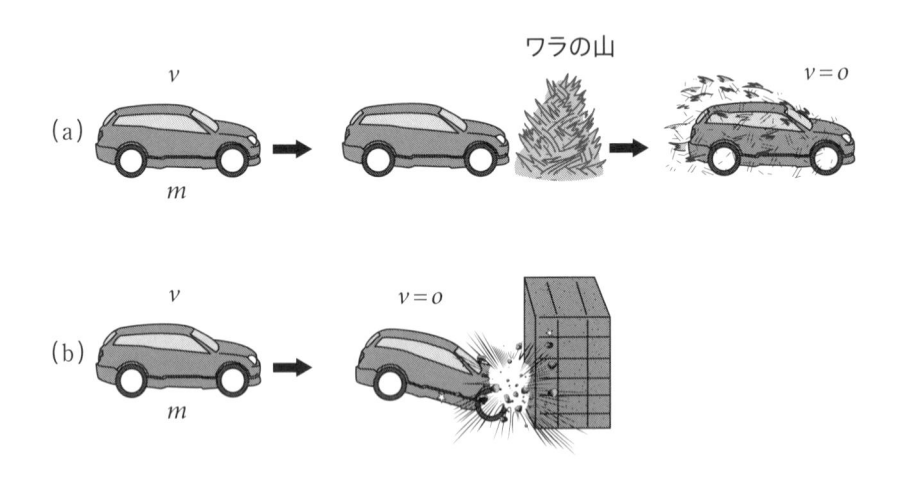

図 2.13　疾走する自動車の静止

いずれの場合も、自動車は mv という運動量の変化を"経験する"のだが、その"経験の仕方"が異なるのである。

(a) の場合、$v \to 0$ に要する時間、つまり mv という運動量の変化に要する時間 t が長い。一方、(b) の場合は、壁に激突した結果、$v \to 0$ は瞬時に起こる。時間 t が極めて短い。つまり、Ft が同じ値であっても、その"中

味"が (a) と (b) では大いに異なるのである。このことを"視覚的数式"で表わせば

$$_F t = F_t \tag{2.29}$$

となるだろう。

　(a)、(b) いずれの場合も、自動車が経験する mv という運動量の変化は同じであるものの、(a) の自動車が受ける反作用は $_F$ という小さな力であるが、(b) の自動車が受ける反作用は F という大きな力（衝撃力）なのである。

　このことは、図 2.13 に示す衝突以外にも何かの衝撃（たとえばパンチ）を受ける場合、その衝撃を最小にする方法を教えてくれている。

　式（2.29）の左辺のように、t を長くすることによって F を小さくすればよい。つまり、パンチを受ける場合であれば、身体（顔）をうしろに反らせて「あたったパンチを受け流す」のである。柔道の「受け身」も t を長くして F を小さくする方法である。

　逆に、出鼻を打たれる"カウンター・パンチ"が有効なのは、式（2.29）の右辺のような状態になるからである。空手の"手刀"の一撃の破壊力も同様に説明できる。空手家は腕と手を大きな運動量（mv）で目標物にぶつけるのであるが、この時、その作用時間（t）を極限まで短くすることによって衝撃力 F を最大限まで大きくするのである。ゴルフ、野球のバッティング、テニス、サッカーのキックなどなどボールを遠くへ、あるいは強く飛ばす時に"インパクト"が重要であるというのも同じ理由からである。

　私はいつも、式（2.29）から物理の分野のみならず広く人生のさまざまな場面で役立つ教えを受けている。

2.3 重力による運動

落下現象 ....

　ある高さで物体から静かに手を離した時、物体が自由落下する現象については、すでに 22 〜 26 ページで詳述した。自由落下現象を表わす方程式は

$$v = gt \tag{1.5}$$

$$d = \left(\frac{g}{2}\right) t^2 \tag{1.6}$$

だった。そして、"物体の落下"という自然現象の源が重力という力だった。

　ところで、重い物体と軽い物体とはどちらが速く落下するであろうか。

　たとえば、図 2.14 に示すように、同じ大きさのビー玉と紙玉を同時に落としたら、どちらが先に床に落ちるだろうか。

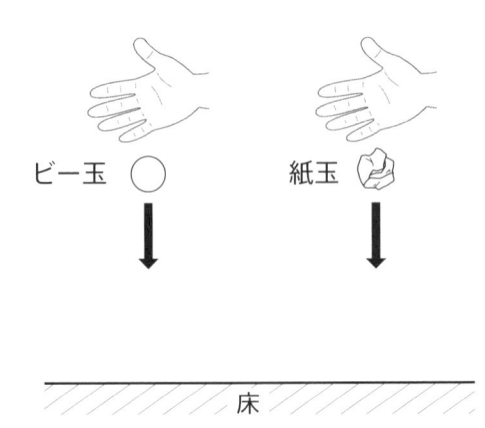

図 2.14　ビー玉と紙玉の自由落下

私の素直な感覚では、あるいは常識的に重いビー玉の方が軽い紙玉よりも速く落下しそうに思える。私自身、実験によって確かめてみたが、ビー玉の方が紙玉より明らかに速く床に到達した。やはり、常識通り「重い物体の方が軽い物体よりも速く落下する」という結論は正しいのであろうか。
　しかし、自由落下現象を示す式（1.5）、（1.6）いずれにも物体の"重さ"に関係する質量 m が含まれていない。つまり、自由落下する物体の速さは、その物体の重さに関係なく、重力加速度 g と落下時間 t だけで決まるということである。
　ところが、私が行なった実験結果はビー玉の方が紙玉より明らかに速く床に到達した、つまり重い物体の方が速く落下したのである。式（1.5）、（1.6）は間違いなのか。式が正しいとすれば、私の実験結果が誤りということになる。困った。
　結論は、式（1.5）、（1.6）も実験結果も正しいのである！
　式（1.5）、（1.6）には"真空中において"、あるいは"落下に対する抵抗が無視できる状態において"という条件が必要なのである。正しくは、「落下する物体に対する摩擦が無視できる環境下において、重力による自由落下に物体の質量（重さ）や形状は無関係である」ということだ。私が行なった図2.14に示す実験において、ビー玉と紙玉が受ける空気抵抗がまったく異なることは明らかである。紙玉はビー玉と比べ、はるかに大きな空気抵抗（上向きの力）を受ける。つまり、空気が落下に対してより強く抵抗するのである。
　重力加速度 g は、物体の重さや形状に関係なくはたらく。落下を遅くするには、空気抵抗を大きくすればよい。このことを最大限に利用したのがパラシュートである。
　ところで、いま述べた物体の"落下"は、図2.15のように地球上のどこででも起こる現象である。たしかに、Aではボールが"落下"しているのであるが、Aの裏側の地Bではボールは上に昇っているし、Cではボールが真横に走っている。このように、宇宙空間から眺めれば、B、Cで落下していない運動を"落下"とよぶのは適当ではない。

65

つまり、物体の"落下"という現象は、物体と地球との"衝突"という方が正しい。その"衝突"を起こさせる力が重力である。そして、その重力の源が

$$F = G\left(\frac{m_1 m_2}{d^2}\right) \tag{1.7}$$

で示された万有引力である。

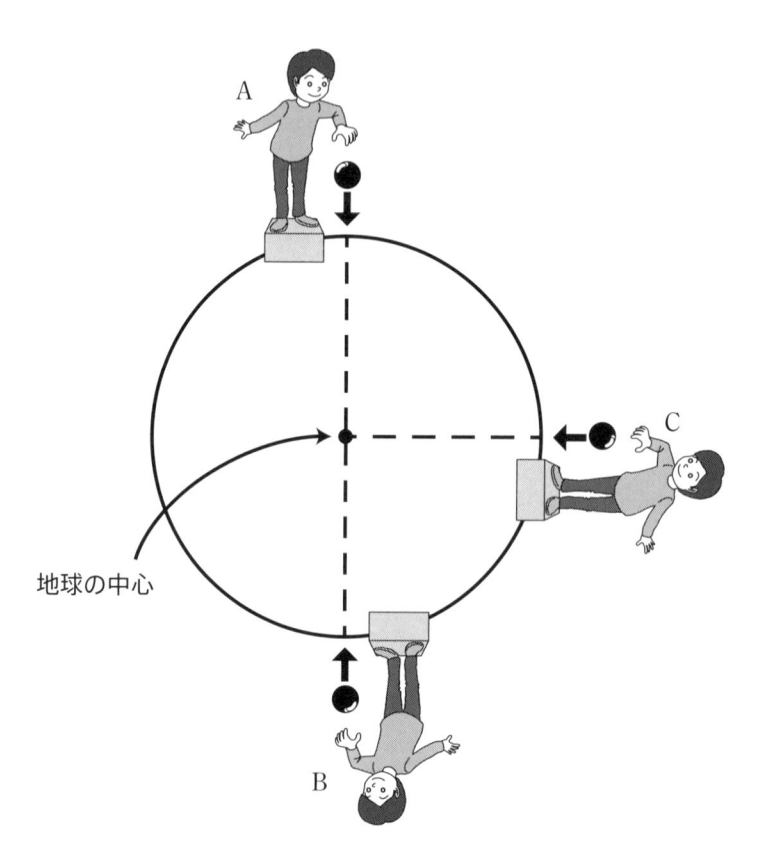

図 2.15　落下

ニュートンが明らかにしたのは「宇宙のすべての物体は、宇宙の他のすべての物体を引っ張っている」ということである。すべての物体（万有＝万物）は、他のすべての物体に引力を及ぼすのである。これが、**万有引力の法則**である。式（1.7）の中のGは万有引力定数とよばれる定数（5.67 × 10^{-11} N・m² / kg²）である。

　地球上の物体の"落下"（物体と地球との"衝突"）の場合、地球の質量を M、物体の質量を m、地球の半径を R とし、地球も物体も51ページに述べた"大きさ（形）"がない単純化した質量のみの質点と考えれば、物体が置かれた高さ h は R に比べて無視できる（$R + h ≒ R$）から、式（1.7）は

$$F = G\left(\frac{Mm}{R^2}\right) \tag{2.30}$$

となる。

　万有引力は、いわば"物体の質量によって生じる力"であり、このように質量によって生じる力を重力とよんでいる。"重力"は狭い意味では、地球上の静止している物体が地球から受ける力のことであり、地球の万有引力が主であるが、地球の自転に基づく遠心力も関係する。遠心力は赤道上で最大になるが、その場合でも、引力の約300分の1にすぎない。したがって、"重力"を一般の万有引力と考えてよい。

鉛直投げ上げ運動と放物運動

　野球、サッカー、ゴルフなどでボールが遠くへ飛んでいく様子をまったく知らないという人はいないだろう。
　すでに、ある高さから物体が自由落下する様子について述べた。自由落下というのは、その物体に力を加えず、物体を静かに落下させることである。以下、物体（たとえばボール）を放り投げた時の物体の運動について

67

考えてみよう。話を簡単にするために、ここでは風や空気抵抗など、外部の力の影響は一切無視するが、力はベクトル量なので、風や空気抵抗など外部の力の影響は"ベクトルの加算"で考えることができる。

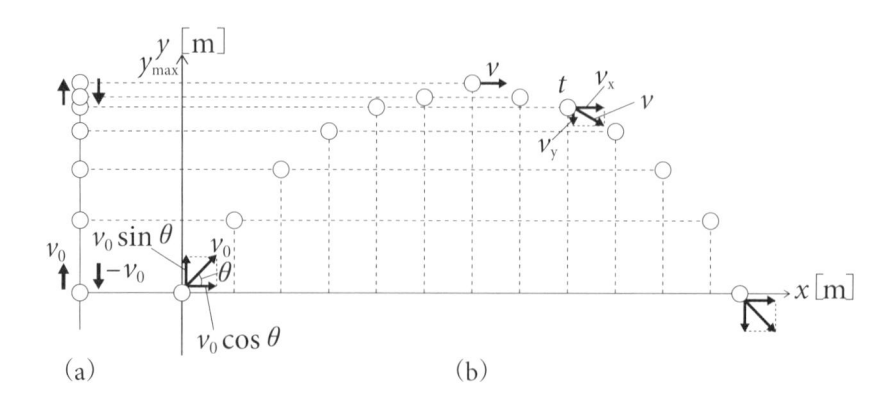

図 2.16　ボールの放り投げ

まず、図 2.16(a) に示すように、初速度 v_0 で真上に放り投げた場合（鉛直投げ上げ運動）は、$-g$ に逆らって上昇していくわけだから、上昇速度 v_{up} は、時間 t ごとに式（1.5）分だけ減じられ

$$v_{up} = v_0 - gt \tag{2.31}$$

となる。また、時間 t 後の上昇距離 y（y の変位）は、同様に、時間 t ごとに式（1.6）分だけ減じられ

$$y = v_0 t - \frac{1}{2} g t^2 \tag{2.32}$$

となる。鉛直に投げ上げられたボールが最高点 y_{max} に達する時間 t_1 は $v_{up} = 0$ になった時だから

$$v_0 - gt_1 = 0 \tag{2.33}$$

より

$$t_1 = \frac{v_0}{g} \tag{2.34}$$

である。頂点 y_{max} の高さに達した後、ボールは自由落下によって出発点に $-v_0$ の速度で戻ってくる。その自由落下の様子はすでに述べた通りである。最高点 y_{max} から出発点まで落下するのに要する時間 t_2 は下降速度 v_{down} が $-v_0$ になるまでの時間だから式（1.5）より

$$v_{down} = -v_0 = -gt_2 \tag{2.35}$$

$$t_2 = \frac{v_0}{g} \tag{2.36}$$

そして

$$t_1 = t_2 = \frac{v_0}{g} \tag{2.37}$$

となり、出発点から最高点に達するまでの時間と、最高点から出発点に戻るまでの時間が等しいことがわかる。

初速度 v_0 で水平方向から角度 θ の方向に放り投げる斜方投射の場合は、図 2.16(b) に示すように、初速度の x 成分 v_x、y 成分 v_y は

$$v_x = v_0 \cos\theta \tag{2.38}$$

$$v_y = v_0 \sin\theta \tag{2.39}$$

となる。図からも明らかなように、v_x は一定でボールの水平成分方向の運動は等速直線運動といえるので、時間 t 後の x の変位は

$$x = v_0 t \cos\theta \tag{2.40}$$

であるが、垂直方向には $-g$ の加速度の影響を受けるので、時間 t 後の v_y' は

$$v_y' = v_0 \sin\theta - gt \tag{2.41}$$

となり、時間 t 後の上昇距離 y（y の変位）は、式（1.5）の v_0 に式（2.39）を代入し

$$y = v_0 t \sin\theta - \frac{1}{2}gt^2 \tag{2.42}$$

となる。
　式（2.40）、（2.42）から時間 t を消去すると運動の軌跡を示す方程式が得られ

$$y = -\left(\frac{g}{2v_0^2 \cos^2\theta}\right)x^2 + x\tan\theta \tag{2.43}$$

となり、上に凸の放物線であることがわかる。斜方投射は運動の軌跡が放物線になることから**放物運動**とよばれる。$\theta = 0$ の水平投射は図 2.16(b) で最高点に達した以降の運動と同じことなので、これも放物運動である。

地球を周回する人工衛星、宇宙ステーション

現在、常時 1000 個以上といわれる人工衛星が地球を周回し、通信、天気予報、さらには軍事偵察などの分野で日常的な活動を行なっている。また、最近は複数の宇宙飛行士が乗り込んだ宇宙ステーションが地球を周回し、さまざまな使命を果たしている。

ところで、人工衛星や宇宙ステーションはジェット機のように後方への噴射によって飛んでいるわけでも、プロペラによって飛んでいるわけでもなく静かに地球を周回している。

地上から打ち上げられた人工衛星や宇宙ステーションは、なぜ万有引力によって落下しないのだろうか。燃料も使わず、ジェットエンジンもプロペラもなしにどうして地球を周回できるのだろうか。よく考えてみれば、不思議なことではないか。

いま述べた水平投射で、水平方向の初速度が大きければ大きいほどボールは遠くまで飛び、軌道曲線（放物線）の"半径"が大きくなることは容易に想像できるだろう。水平方向のボールの初速度をどんどん大きくしていけば、図 2.17 に示すようにボールの落下点はどんどん遠方になり、やがて、投げた地点に戻ってくるかもしれない。荒唐無稽な話と思われるかもしれないが、じつは、これが人工衛星や宇宙ステーションが地球を周回する原理なのである。

たとえば、地上 500 km の高さにロケットで打ち上げた物体を重力によって地上に落下させることなく、その高さを保って飛び続けさせるには、その物体をどれくらいの速さで水平方向に発射すればよいのだろうか。その速さは、重力加速度つまり物体が落下する割合と地球表面の曲り具合で決まる。

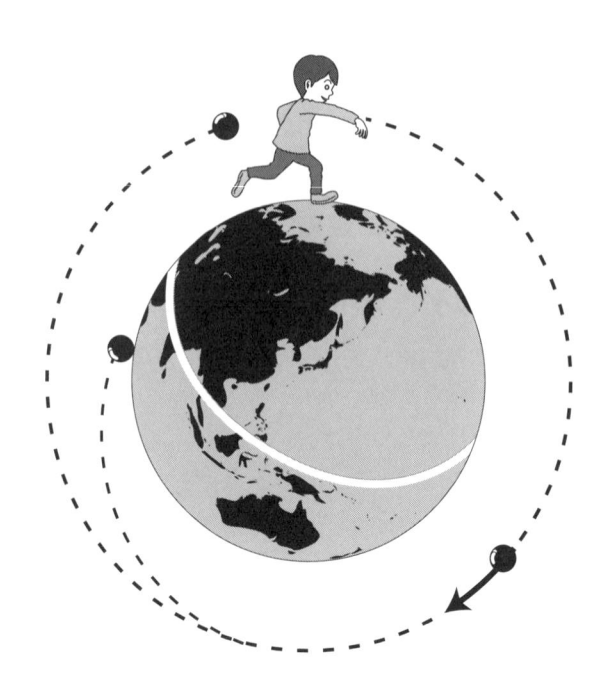

図 2.17　地球を 1 周するボール

　地球を完全な球とみなし、大気の抵抗や地球の自転の影響などを無視して計算すると、約 8 km/s の速さが必要であることがわかる。式 (1.7) からわかるように、高くなればなるほど（d が大きくなればなるほど）引力 F が小さくなるので、水平方向に必要な速さは小さくなる。

　ここで、注意が必要である。

　いま、「重力によって地上に落下させることなく」と書いたのであるが、人工衛星や宇宙ステーションは落下していないのではない。

　人工衛星や宇宙ステーションは地上には落ちてこないのであるが、重力加速度に従って常に落下しているのである。その落下の軌跡（カーブ）が図 2.17 に示すように丸い地球の地表のカーブに等しいから地表と衝突しないのである。

しかし、現実的には、通常の人工衛星や宇宙ステーションが飛行する地上数百 km の上空でもわずかに存在する大気の抵抗によって飛行の速さが減じられ、地球の引力とのバランスがくずれて軌道が徐々に地表に近づき、やがては地表に落下することになる。

　また、数多くの人工衛星の中で、赤道の上空にある"静止衛星"は、地球の裏側からのテレビ電波の中継や気象観測に利用されているが、もちろん、これらの"静止衛星"は宇宙空間に静止しているわけではない。地球から見ると、静止しているように見える衛星、という意味である。

　でも、静止衛星はどうして静止しているように見えるのだろうか。

　宇宙空間に浮かぶ人工衛星が、地球から見て静止しているというのは、地球との相対的位置関係が変化しない、ということである（図 2.5 の車 A と B の関係を思い出していただきたい）。つまり、その人工衛星は地球の自転と同じように、24 時間で地球を 1 周しているのである。

「無重力状態」は正しいか

　最近は、宇宙ステーションなどにおける宇宙活動が珍しいことではなくなった。日本人宇宙飛行士の活躍もあり、テレビ画面を通じて、宇宙ステーション内の様子や宇宙から見た地球の姿などに触れる機会が少なくない。そうした画像の中で、われわれに、いかにも"宇宙ステーション"を感じさせてくれるのは、ステーション内の空間にフワフワと浮かぶ宇宙飛行士や宇宙飛行士が手に持ったものを離しても落ちることなくそのまま浮かんでいる物体の様子である。それらはまさに"宇宙遊泳"している。これは、一般に「無重力状態」つまり重力が無い状態と説明されている。

　しかし、すでに何度も説明したように、"重力"は万有引力そのものであり、"万有引力"は、その名の通り、宇宙のすべての物体間に作用する力である。だとすれば「重力が無い」というのはおかしい。

　地上の「エレベーター内」の"重さ"のことを考えてみよう。

　すでに、"重さ"と"質量"については 50 ページで述べた。

いま、静止したエレベーターの中で、あなたが体重計に乗れば、体重計はあなたの体重 w を示す。重さ w と質量 m との関係は

$$w = mg \qquad (2.15)$$

であった。
　このエレベーターが上方に向かって加速度 a で動きだすと体重計は w より若干大きな値 w_{up} を示す。足を乗せた体重計の面が加速度 a に相当する力で足の裏を上方に押すからである。この時の w_{up} は

$$w_{\mathrm{up}} = m(g+a) > w \qquad (2.44)$$

となる。
　逆に、エレベーターが下方に向かって加速度 a で動きだすと体重計は w より若干小さな値 w_{down} を示す。体重計の面を押す力が加速度 a に相当する分だけ減るからである。この時の w_{down} は

$$w_{\mathrm{down}} = m(g-a) < w \qquad (2.45)$$

となる。
　さて、エレベーターを吊るロープが切れて自由落下する場合はどうだろうか。
　エレベーターもあなたも体重計もすべて同じように自由落下しているわけであるから、あなたの両足が体重計の面を押すことはない。したがって、体重計が示す値はゼロになる。
　しかし、落下するエレベーターの中で体重がゼロということは、あなた

自身の質量がゼロになったことを意味するものではない。エレベーター自体も体重計も、そしてあなたも重力加速度 g に従って自由落下しているので、g が相殺され

$$w = m(g-g) = 0 \qquad (2.46)$$

で表わされるように、重さ w がゼロになっている状態なのである。

この場合でも、自由落下しているのだから、もちろん重力がはたらいているわけで、「無重力」であるわけがない。つまり、"無"なのは重さ（重量）であり、これは「無重力状態」ではなく「無重量状態」とよばれなければならないのである。

先ほど述べたように、人工衛星や宇宙ステーションが地球を周回するのは、それらが重力加速度に従って常に落下しており、その自由落下の軌跡のカーブが丸い地球の地表のカーブに等しいからであった。したがって、自由落下するするエレベーター内と同様に、宇宙ステーション内でも無重力状態ではない無重量状態が生じているのである。ステーション内の宇宙飛行士や機材はすべて同じように自由落下していて無重量状態なので、自分自身や機材に対しても「重さがない」と感じるのである。

2.4　円運動

等速円運動　...

ほとんどのレコード盤が CD（コンパクト・ディスク）に替わってしまった現在、実際に見る機会はほとんどないのであるが、回転するレコード盤を想像していただきたい。さらに、その回転するレコード盤の端に乗せ

られた小さな消しゴムのような物が回転する様子を思い浮かべていただきたい。

この消しゴムを質点Pとすれば（質点については51ページ参照）、質点Pは一定の等しい速さ（等速）で回転運動することになる。このような等速で決まった円周上を移動する質点の運動を**等速円運動**（図3.5参照）という。念のために注意しておくが、速さは同じ（等速）であっても、運動の方向は瞬間瞬間の円の接線方向に変化しているわけだから速度は瞬間瞬間に変化していることになるので等速度円運動ではない。

質点Pが円周を1周するのに要する時間を**周期**とよぶ。半径r［m］の円周上を等速v［m/s］で運動する質点の周期をT［s］とすれば

$$T = \frac{2\pi r}{v} \tag{2.47}$$

である。また

$$v = \frac{2\pi r}{T} \tag{2.48}$$

である。

弧度法と角速度

たとえば、図2.18に示すように、半径rの円を描き、AOからBOに向かう角度∠AOB = θを考える。日常的には、この角度の単位として"°（度）"を用いている。直角が90°で、点Aから半周すれば180°、1周すれば360°である。

ここで、円運動を扱う時に便利な新しい角度の測り方として、弧ABの長さに基づくものを導入する。これは、AからBまで円周上を動く時、

どれくらいの距離を移動したか、という考え方である。もちろん、半径が異なれば、弧ABの長さは異なるのであるが、1つの円において、中心角∠AOBの大きさと弧ABの長さは比例する。このことを使って角の大きさを表わす方法を**弧度法**という。

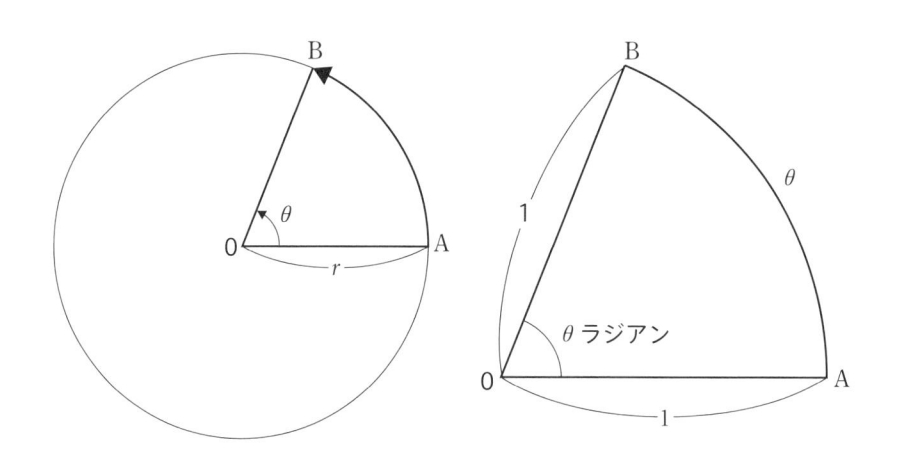

図 2.18　角度と円弧　　　　　　　　**図 2.19　ラジアン**

弧度法では、図2.19に示すように、点Oを中心とする半径1の円周上の2点A、Bに対する中心角∠AOBの大きさを弧ABの長さθで表わして、ラジアンあるいは弧度という単位（記号はrad）をつける。

半径1の円を1周（360°）すると、弧の長さは円周となり、それは2πなので、360°が2πラジアンということになる。半周の180°はπラジアンである。したがって、質点が何周しようとも、その回転角は2πの倍数で表わされるので、扱いが非常に便利である。この便利さは、第3章で述べる「等速円運動と単振動との関係」を扱う時に実感するであろう。

弧度法は、弧の長さで角度を表わす方法である。弧の長さを弧度法で表わすと、半径rの円でθラジアンの弧の長さLは

$$L = r\theta \qquad (2.49)$$

で表わされる。つまり、どのような円でも半径と同じ長さの弧で表わされる角度が 1 ラジアンであり、1 ラジアンは長さ 1 の弧に対する中心角の大きさであるから

$$1 \text{ラジアン} = \frac{180°}{\pi} \fallingdotseq 57.3° \qquad (2.50)$$

ということになる。

なお、上で述べたラジアン（rad）という単位があるが、rad は半径に長さと弧の長さの比であるので、いわば"無次元"の量である。したがって、弧度法の表示では単位の rad が省略されることが多い。

質点 P（図 2.19 の B）が円周上を運動する時、角度 θ が変化する割合を**角速度**とよび、一般的に ω（オメガ）という記号で表わされる。その定義から明らかなように、角速度の単位は［角度／時間］であるが、SI 系単位としては、表 1.2 に示されるように［rad / s］が使われる。

円周上を角速度で ω［rad / s］で回転する質点 P が 1 rad だけ移動するのに要する時間は $\frac{1}{\omega}$ 秒なので、1 周するのに要する時間、つまり周期 T［s］は

$$T = \frac{2\pi}{\omega} \qquad (2.51)$$

である。

角速度の定義から、角速度 ω で円周上を運動する質点 P が時間 t の間に回転する角度 θ は

$$\theta = \omega t \qquad (2.52)$$

となる。

　ところで、等速円運動は角速度が一定の運動だから、等角速度運動とよぶのはよいが、先述のように、等速円運動は"速さ"が同じ（等速）であっても、運動の方向は瞬間瞬間に変化するから、速度は瞬間瞬間に変化していることになるので"等速度"運動ではない。「角速度」という用語の中に「速度」が含まれるのでやや混乱するかもしれない。「速度」の定義からすれば、私は、いささか語呂は悪いものの「角速さ」という言葉の方が正確だと思っているのであるが、「角速度」が慣用語なのである。

第3章　振動と波

　われわれの周囲には、さまざまな波が存在する。というよりも、われわれは日々、さまざまな波に囲まれて生活しているのである。

　日常生活の中でも"波"という言葉にしばしば出合う。調子や成績に波があるという。人込みの中に出ていった時には、人の波に飲まれる。人が飲まれる波には"時代の波"という波もある。これらは、自然界のいたるところで見られる"波"という自然現象から派生した言葉である。

　多分、われわれが初めて意識する自然界の波は、海の波、湖面のさざ波など水が作る波だろう。波の代表は何といっても、水の波である。それが、いかにも"波"を実感させてくれる形で、われわれの目に見えるからである。耳に飛び込んでくる音も空中を伝わる波である。しかし、われわれが音を波として実感することはない。それは、耳には聞こえる音が、波としては目に見えないからである。

　これら、自然界のさまざまな波と"一体的関係"にあるのが"振動"という現象である。"振動"とは、その文字の通り"揺れ動く"ことである。音は空気の振動が発するものだし、弦楽器は弦の振動によって音を出す。われわれの生活に不可欠な「交流電気」も振動と深い関係がある。

　振動に関する物理について知り、日常的な、さまざまな波（波動）について考えてみよう。

3.1 振動

バネ振動 ....

　普段あまり意識することはないが、バネ（スプリング）は椅子やベッドや自動車のクッションに、また、最近はほとんど見かけなくなってしまったが、バネばかりなどさまざまな物に使われている。

　ひとくちに"バネ"といっても、さまざまな形状の物があるが、ここでは最も単純な構造であるコイルバネについて考える。

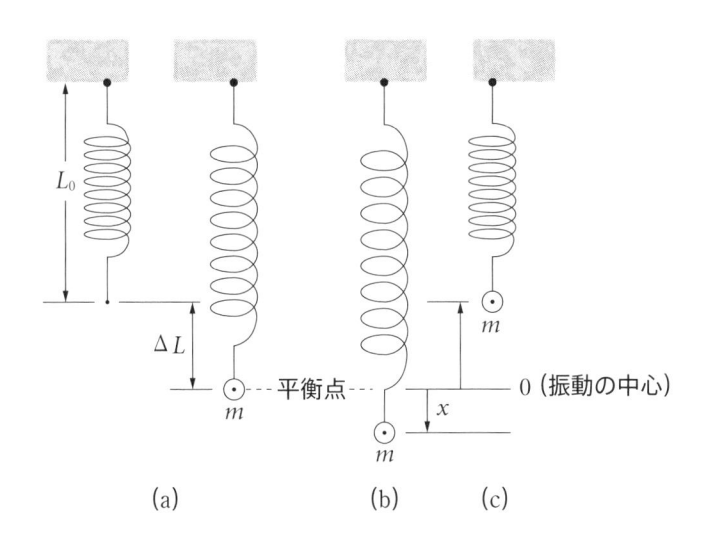

図3.1　コイルバネの性質と振動

　いま、図3.1(a)に示すように、最初の長さ L_0 のバネに質量 m のおもりを吊るした時、バネが ΔL 伸びたとすれば、このバネに加えられた力 F

（$= mg$）との間に

$$F = mg = k\Delta L \tag{3.1}$$

という関係が成り立つ。k はバネ定数とよばれる比例定数である。バネばかりは、この式 (3.1)、つまり「バネの伸びは吊るされた物の重さに比例する」という法則（**フックの法則**）を利用したものである。

　質量 m のおもりを吊るしたバネは、平衡点で静止している。図 3.1(b) に示すように、平衡点からさらに下向きに x だけバネを伸ばしたとすると、おもりに作用する力は、下方を正の方向とすれば

$$F = mg - k(\Delta L + x) = -kx \tag{3.2}$$

となる。つまり、おもりは上向きに kx の力を受けるので、図 3.1(b) に示す点で離したとすれば、おもりは上向きに移動する。離した瞬間には、おもりの移動速度は 0 であるが、$F = -kx$ の力によって加速度が生じるのでおもりは次第に速さを増す。おもりが平衡点に達し、バネの長さが $L_0 + \Delta L$ になった時、下向きの力と上向きの力の合力は 0 になるが、おもりは速さ v で運動しているので、図 3.1(c) に示すように平衡点を通り過ぎて上方に移動する。バネの長さが $L_0 + \Delta L$ より短くなると、こんどは上向きのバネの力は重力よりも小さくなるので、おもりの移動速度は次第に減少し、ついには上方のある点で静止する。その時点でも、おもりは下向きの力を受けているので、こんどは下向きに加速されて下方に移動する。結局、おもりは図 3.1(b)、(c) に示すように、平衡点（$x = 0$）を中心とする上下の振動運動を繰り返すことになる。

　しかし、振動はいつまでも続くわけではなく、振動の幅（振幅）は次第に小さくなり、やがて平衡点の位置で止まる。それは、振動中に空気抵抗

などが作用し、振動のエネルギーが徐々に失われるからである。このように振幅が次第に小さくなるような振動を**減衰振動**という。

いま、空気抵抗などを無視し、図 3.1 に示すバネの振動が永久に続くと仮定した場合のおもりの動きに着目する。

おもりの平衡点（$x = 0$）の位置から上方に A だけ持ち上げて（$x = A$）手を離した時のおもりの変位（x）の時間的変化を記録することを考える。たとえば、図 3.2 に示すように、おもりの中心にペンをつけ、そのペンが触れる記録紙を一定の速さで動かせばよい。

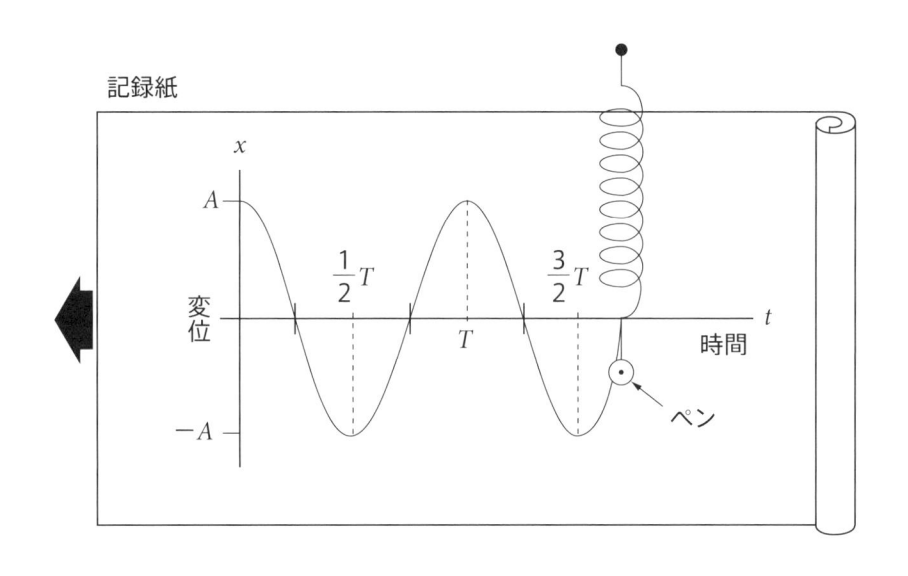

図 3.2　おもりの時間的変位 $x(t)$ を示す余弦曲線

おもりは一定の周期 T で振幅 A の振動を繰り返し、時間 t における変位 $x(t)$ は

$$x(t) = A\cos\left(\frac{2\pi}{T}\right)t \tag{3.3}$$

で与えられ、$x(t)$は余弦曲線（コサイン・カーブ）を描くことがわかる。このように、おもりの時間的変位が余弦（または正弦）曲線で表わされるような振動（より一般的には"運動"）を**単振動**（単純な振動）という。また、式（3.2）で cos の角度に対応する部分の$\left(\frac{2\pi}{T}\right)t$を振動の**位相**とよぶ。この位相は、単振動の変位 x が、1 振動の中でどの位置にあるかを示すものである。

　図 3.2 からも明らかであるが、1 回の振動に要する時間が周期であり、この振動運動が 1 秒間に何回起こるかという回数のことを**振動数**あるいは**周波数**とよび、通常"f"（frequency の頭文字）という記号で表わす。周期 T と振動数 f との間には

$$T = \frac{1}{f} \tag{3.4}$$

$$f = \frac{1}{T} \tag{3.5}$$

の関係がある。

　また、式（3.3）の$\frac{2\pi}{T}$は2π rad（$= 360°$）の角度を移動、つまり 1 回転するのに要する時間 T で割ったものなので、**角振動数**とよばれるが、これは 78 ページで述べた角速度 ω と同じものである。つまり

$$\frac{2\pi}{T} = \omega \tag{3.6}$$

で、式（3.3）は

$$x(t) = A\cos\omega t \tag{3.7}$$

とも書ける。

バネ振動の等時性..

バネ振動の周期 T についてもう少し考えてみよう。

バネに吊るされたおもりの質量を 2 倍にし、前と同様に A だけ持ち上げて手を離すと、バネ定数 k が同じであればおもりに作用するバネの力は変わらないが、質量が 2 倍になっているので加速度は式（2.16）から $\frac{1}{2}$ になり、速度の増し方も $\frac{1}{2}$ になる。つまり、おもりはゆっくりと上下振動し、周期 T が長くなるだろう。また、おもりの質量は同じで、バネ定数を 2 倍にすると、式（3.1）より、同じバネの伸び A に対する力は 2 倍になり、速度の増し方も 2 倍になる。つまり、上下振動が速くなって周期 T が短くなるだろう。質量もバネ定数も同時に 2 倍にした場合は加速度の変化は前と変わらないので、周期も変わらない。結局、質量 m とバネ定数 k が変わっても、m/k（あるいは k/m）が同じであれば、周期が同じ、つまり同じ振動数の振動をするということがいえそうである。

このことを、数学的に確かめてみよう。

単振動するおもりの速さ v は、式（3.7）を時間 t で微分することに得られる（49 ページ参照）。つまり

$$v = \frac{dx}{dt} = -A\omega\sin\omega t \tag{3.8}$$

である。また、加速度 a は、式（3.8）をさらに時間 t で微分して、式（3.7）を代入すると

$$\alpha = \frac{dv}{dt} = -A\omega^2\cos\omega t = -\omega^2 x \qquad (3.9)$$

となる。

ニュートンの運動方程式（$F = m\alpha$）とフックの法則（$F = -kx$）から

$$m\alpha = -kx \qquad (3.10)$$

となり、式（3.9）の$\alpha = -\omega^2 x$を式（3.10）に代入して得られる

$$\omega = \sqrt{\frac{k}{m}} \qquad (3.11)$$

を式（3.6）に代入して

$$T = 2\pi\sqrt{\frac{m}{k}} \qquad (3.12)$$

が得られる。つまり、式（3.12）には振幅 A が含まれておらず、バネ振動の周期 T は振幅に関係なく、k/m の値のみで決まるということになる。これをバネ振動の**等時性**という。

単振り子

われわれが"振り子"という言葉ですぐに思い浮かべるのは、最近はあまり見かけなくなってしまったが、床置き時計や柱時計などの"振り子時計"だろう。また、昔、学校の音楽教室のピアノの上にあったメトロノー

ムの振り子も懐かしいが、残念ながら最近のメトロノームのほとんどはデジタル方式の小さなものになってしまった。

　伸び縮みしない、さらに重さを無視できる細い丈夫な糸の先におもりを吊るし、図 3.3 に示すように、重力がはたらいている鉛直面内で振動する振り子を**単振り子**という。単振り子は単振動する。振り子時計の基本原理は、この単振り子の単振動にある。

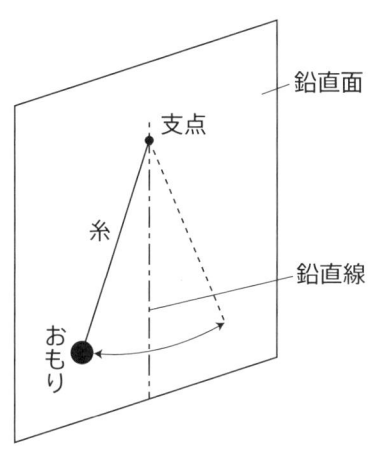

図 3.3　単振り子

　単振り子の運動力学について図 3.4 で考えてみよう。一見複雑そうであるが、一歩一歩考えれば難しいことはない。

　おもりの質量を m、糸の長さを L、糸と鉛直線との角度を θ とし、この位置を B とする。この時、糸にはたらく張力 T_s と重力の糸の方向の成分（$mg\cos\theta$）とはつり合っている。おもりが鉛直線の位置（A）まで戻ろうとする復元力 F は、右回りに増加する向きを正として

$$F = -mg\sin\theta \tag{3.13}$$

で与えられる。この復元力 F がおもりを単振動させる原動力である。

弧 A B の長さを x とし、運動するおもりの加速度を $α$ とすれば、$F = mα$ と式（3.13）と加速度の微分を使った定義より

$$α = -g\sin\theta = \frac{d^2x}{dt^2} \tag{3.14}$$

が成り立つ。振れの角 θ が小さい場合（$< \sim 5°$）は、$\sin\theta ≒ \theta$、さらに $x ≒ L\theta$ と近似できるので、式（3.14）は

$$\frac{d^2x}{dt^2} = -g\theta = -\left(\frac{g}{L}\right)x \tag{3.15}$$

と書ける。式（3.9）と式（3.15）から

$$\omega^2 = \frac{g}{L} \tag{3.16}$$

$$\omega = \sqrt{\frac{g}{L}} \tag{3.17}$$

が得られ、式（3.17）を式（3.6）に代入して

$$T = 2\pi\sqrt{\frac{L}{g}} \tag{3.18}$$

が求まる。つまり、単振り子の場合も、周期 T は糸の長さ L と重力の加速度 g によってのみ決まり、おもりの質量 m や振幅（振れ角 θ）の大きさに関係ない等時性が示されるのである。

最近はほとんど目にすることがなくなってしまったが、振り子時計の場合、一般的に金属でできている振り子竿（図 3.3、3.4 の糸に相当）の長さは気温の変化によって伸縮するので周期 T が変動し、時計が"狂う"こ

とになる。したがって、振り子の下に設けられている調節ネジで振り子竿の長さ（つまり、おもりの位置）を一定に保つ操作が必要であった。"おもりの位置"によって、周期を調節することを直接的に実感できるのが昔のメトロノームであった。

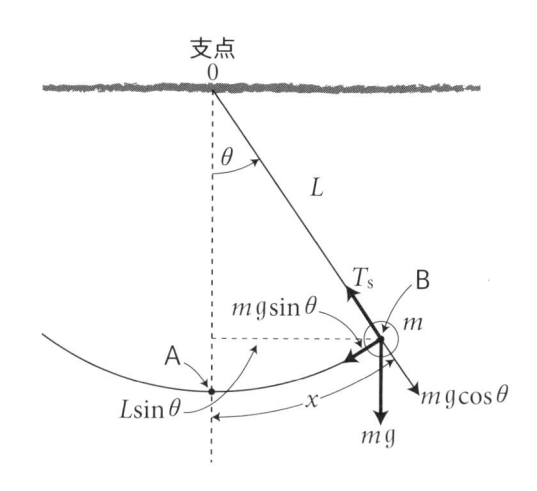

図 3.4　単振り子の運動力学

等速円運動と単振動

　夜、自動車を運転している時、前をいく自転車のペダルの反射板が光って見えることがある。観察される反射板の動きは上下振動である。しかし、実際のペダルは円運動をしているのである。この例からもわかるように円運動と振動は密接に関係している。というよりも、同じ運動が見方によって円運動にも、振動にもなる、というのが正確ないい方である。

　円運動と振動との関係を詳しく調べてみよう。

　回転するレコード盤の端に乗せられ等速円運動する（図 3.5(a)）小さな

消しゴム（質点 P）を真横から見たとすると、いま上で述べた回転するペダルが上下振動するように見えるのと同じように、質点 P は 1 と 7 の点の往復を繰り返す振動をすることがわかるだろう（図 3.5(b)）。

図 3.5 に示すように、回転の中心を O、回転角を θ、P の x 軸上への投影点を R とすれば

$$x(\theta) = \mathrm{OR} = r\cos\theta \qquad (3.19)$$

となる。質点 P の角速度を ω とすれば、P が 1 の点をスタートしてから時間 t 後、$\theta = \omega t$ だから式（3.19）は

$$x(t) = r\cos\omega t \qquad (3.20)$$

となり、式（3.6）を式（3.20）に代入すれば

$$x(t) = r\cos\left(\frac{2\pi}{T}\right)t \qquad (3.21)$$

となる。式（3.20）、（3.21）はそれぞれ式（3.7）、（3.3）と同じであり、質点 P の x 軸上への投影点 R は図 3.5(b) に示す単振動をすることが確かめられる。式（3.21）と図 3.5(a) に示される円周上の各点とを対応させて図示すれば図 3.6 のようになる。この図は基本的には図 3.2 と同じであり、バネ振動と等速円運動によって生じる単振動が同じであることを視覚的に理解できるだろう。

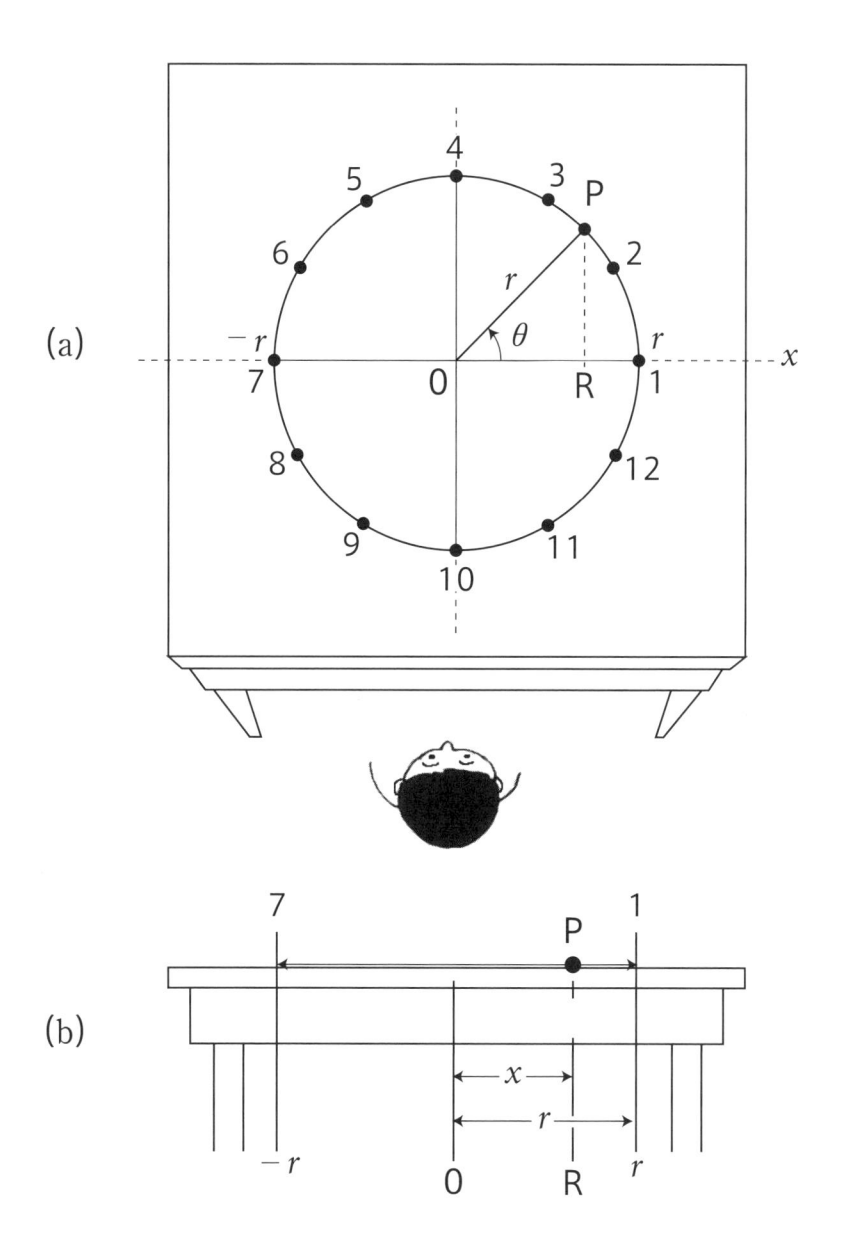

図 3.5　等速円運動 (a) と単振動 (b)

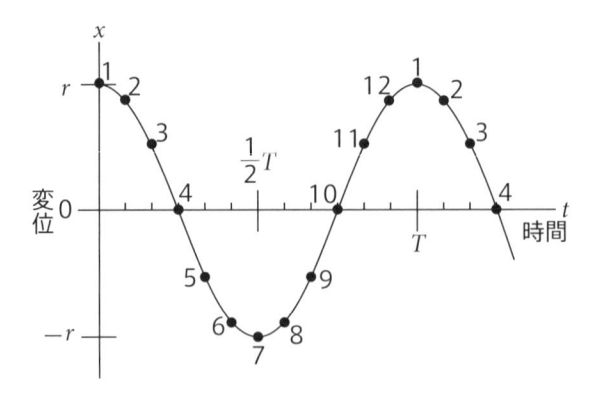

図 3.6　等速円運動する質点 P の時間的変位 $x(t)$ を示す余弦曲線

弾性体のエネルギー

図 3.1 に示すようなコイルバネが持つ**弾性力**について考える。

バネは圧縮されたり、引っ張られたりすると、元の長さに戻ろうとして仕事をする。力を加えると変形し、その力を取り除くと、また元の形に戻る性質を**弾性**といい、弾性を持つ物体が**弾性体**である。そして、弾性によって生じる力が弾性力である。

重力や空気抵抗を無視した仮想的な図 3.7(a) に示す長さ L_0 のバネに、図 3.7(b) のようにボールを当てて x の長さだけ押しつけたとする。この時、バネは式（3.2）で示されたように $F = kx$ の弾性力を持つことになる。図 3.7(c) に示すように手を離せば、この弾性力、具体的にはバネの位置エネルギーによってボールは飛ばされる。

このバネの位置エネルギー E_p は、質点が自然長 L_0、つまり $x = 0$ から x だけ移動する間にバネが為す仕事 W に等しいから

$$
\begin{aligned}
E_\mathrm{p} = W &= \int_0^x F dx \\
&= \int_0^x (kx)\, dx \\
&= \left[\frac{1}{2}kx^2\right]_0^x \\
&= \frac{1}{2}kx^2
\end{aligned}
\tag{3.22}
$$

となる。

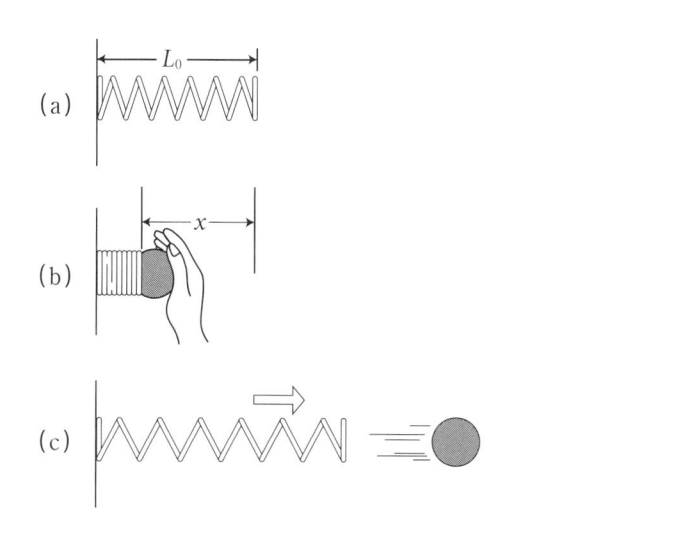

図 3.7 バネの弾性力

単振動のエネルギー

質量 m の質点が単振動する時のエネルギーを考える。

質点が持つ全力学的エネルギー E は位置エネルギー（E_p）と運動エネルギー（E_k）の総和として

$$E = E_p + E_k \tag{3.23}$$

で与えられる。ここに、いま求めた式（3.22）を代入すれば、単振動に関わる全エネルギー E は

$$E = \frac{1}{2}kx^2 + \frac{1}{2}mv^2 \tag{3.24}$$

となる。

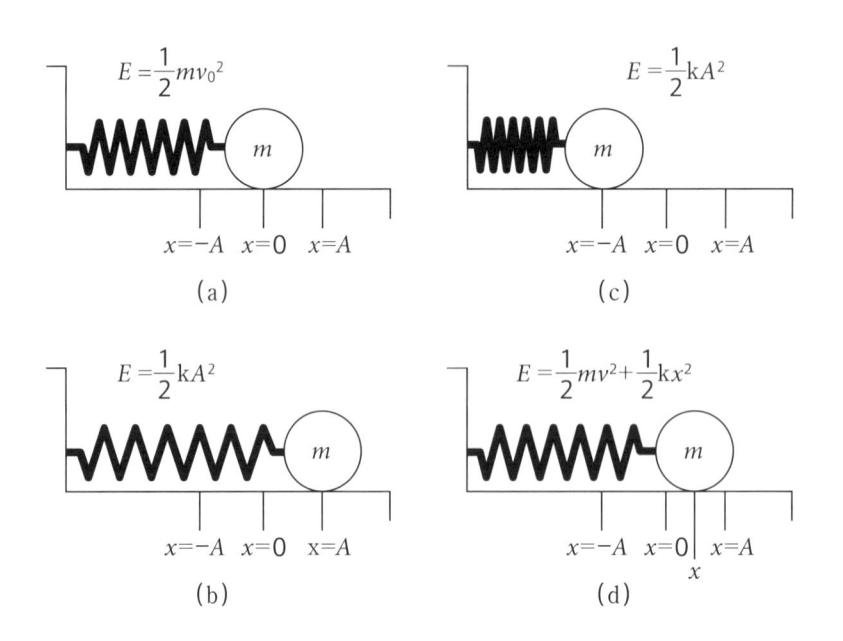

図 3.8　単振動のエネルギー

ここで、図3.8を参照しながら、単振動のエネルギーを詳しく検討しよう。図3.8では図3.7と同じように重力、質点と水平面との摩擦、空気抵抗などの影響を無視する。

　図3.8(a)に示す平衡点（$x = 0$）からxだけ離れた場所での質点の速さをv、振幅をA（$-A \leqq x \leqq A$）とする。(a)の平衡点（$x = 0$）は、バネが自然長L_0の場所だから、この時、$E_p = 0$となり、質点が持つすべてのエネルギーは運動エネルギーである。つまり

$$E = E_k = \frac{1}{2}mv_0^2 \qquad (3.25)$$

となる。このv_0は$x = 0$の時の質点の速さで、この単振動における最大値となる。

　図3.8(b)、(c)に示される$x = A$、$x = -A$では、$v = 0$、つまり$E_k = 0$になり、質点が持つすべてのエネルギーは位置エネルギーで

$$E = E_p = \frac{1}{2}kA^2 \qquad (3.26)$$

となる。

　つまり、振動状態においては、エネルギーEはその状態（E_pあるいはE_k）を周期的に変換するのである。図3.8(a)、(b)、(c)のような"特異点"以外のところでは、図3.8(d)に示すように、EにはE_pとE_kの両者が含まれ、それは式（3.24）で与えられる。

　以上はバネの単振動の場合のエネルギーについて見たものであるが、図3.9に示すように、単振り子の場合でも事情はまったく同じである。むしろ、バネ振動の場合よりも、単振り子の場合の方が、エネルギー形態の周期的変換を視覚的に理解するのが容易であろう。

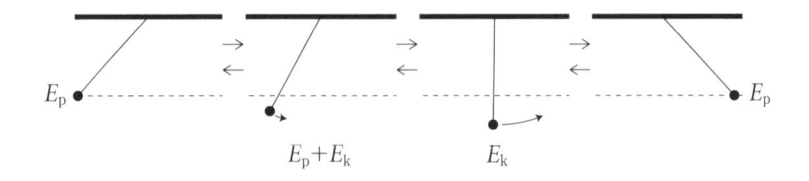

図 3.9　単振り子における振動のエネルギーの周期的変換
（振り子につけられた矢印は運動エネルギー E_k の大きさを相対的に表わす）

減衰振動

　いままで、空気抵抗や質点と水平面との間の摩擦などいっさいの抵抗力を無視した単振動について考えた。しかし、現実には振動を妨げるさまざまな力が作用するので、外部から振動を続けさせる何らかの力を加えない限り、振幅は次第に小さくなり、振動は衰え、いずれは止まってしまう。このような振動では、振動の原点（平衡点）から変位の時間的変化 $x(t)$ は図 3.10 のようになる。このような運動を**減衰振動**とよんだ。

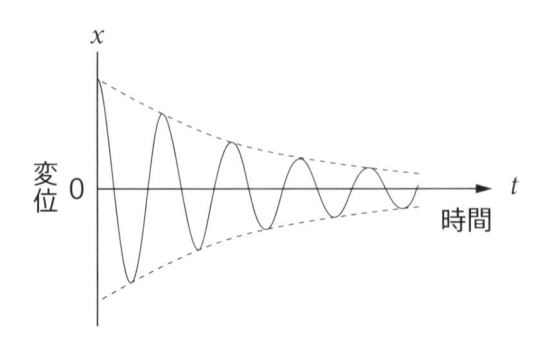

図 3.10　減衰振動

一般に、振り子の振動が衰えるのは空気の抵抗（摩擦：friction）力のためである。バネの振動の場合は、運動中のバネの内部摩擦などの要素も加わる。いずれの場合も、蓄えられたエネルギーの一部が熱などになって振動系から失われるために振動が減衰するのである。振動を減衰させる**摩擦力** F_{fr} は、振動の速さ v があまり大きくない範囲では v に比例し、

$$F_{\mathrm{fr}} = -av \tag{3.27}$$

で与えられる。a は正の定数である。図 3.11 に示すように、摩擦力 F_{fr} は加えられた力 F に対し逆向きにはたらくので負の符合がつけられている。

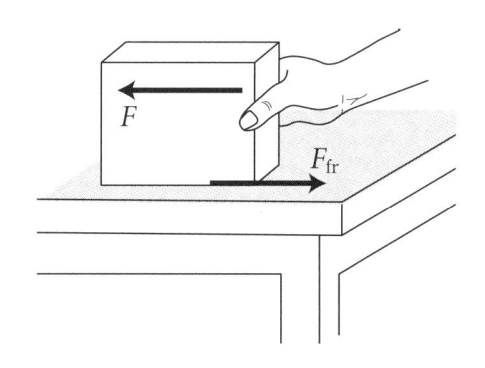

図 3.11　摩擦力 F_{fr}

　余談だが、さまざまな機械や装置において「摩擦」はできる限り小さくしたいと思う。回転する機械や自動車などのことを思えば理解しやすいが、摩擦は熱などに変換され、無駄なエネルギー消費の元である。したがって、工学分野で「摩擦」はできる限り小さくするための技術や潤滑剤などの開発は重要である。人間社会においても摩擦はない方が好ましい。
　しかし、人間社会における摩擦はともかく、われわれの日常生活もさま

ざまな仕事も物理的な摩擦なしでは不可能なことが少なくないのである。

まず、足の裏あるいは履物の裏と床あるいは道路との間に物理的な摩擦がなければわれわれは歩くことができないし、自動車のタイヤと道路との間に物理的な摩擦がなければ自動車は走ることができない。モーターと連動するベルトも用をなさない。釘が木と木を張り合わせることができるのも物理的な摩擦のおかげである。

このようなことを考えると「摩擦」を一方的に嫌ってはいけないのである。

閑話休題。

質量 m の質点が速さ v、加速度 a で振動し、そこに $F_{fr} = -av$ の摩擦力がはたらいている場合の運動方程式は式（3.10）より

$$m\alpha = -kx - av \tag{3.28}$$

となる。変位 x の時間的変化に着目し、式（3.28）を時間 t に対する微分の形に書き改めると

$$\begin{aligned} m\left(\frac{d^2x}{dt^2}\right) &= -kx - a\left(\frac{dx}{dt}\right) \\ m\left(\frac{d^2x}{dt^2}\right) &+ a\left(\frac{dx}{dt}\right) + kx = 0 \end{aligned} \tag{3.29}$$

となり、この微分方程式の一般的な解は

$$x = Ae^{-\beta t}\cos\omega t \tag{3.30}$$

で与えられる。A は任意の定数である。ここで

$$\beta = \frac{a}{2m} \qquad (3.31)$$

$$\omega = \sqrt{\left(\frac{k}{m} - \frac{a^2}{4m^2}\right)} \qquad (3.32)$$

である。β は**減衰率**とよばれる。摩擦がない場合、つまり a = 0 の場合、β = 0 なので、式（3.30）は式（3.7）と同じになる。換言すれば、式（3.7）で表わされる単振動に摩擦力の影響を加えた振動（減衰振動）の式が（3.30）である。

式（3.30）が $\cos\omega t$ という項を含むことから、この式で表わされる運動が、周期 $T\left(=\dfrac{2\pi}{\omega}\right)$ の振動であることは理解できるだろう。しかし、式（3.7）で表わされるような単振動の場合と異なり、振幅が $Ae^{-\beta t}$ という $e^{-\beta t}$ の項を含むものであることから、時間の経過（$t \to$ 大）に従って小さくなるのである。したがって、このような減衰振動の周期 T は、単振動の場合の周期つまり図 3.2、3.3 で表わされるような"元の状態に戻るまでの時間"を意味するものではなく、図 3.6 の T で示すように、単に"1回の振動に要する時間"のことである。

式（3.30）で表わされる減衰振動の振幅、つまり時間経過に従って小さくなる変位 $x(t)$ を定量的に考えてみよう。

$\beta t = 1$、つまり、ある時刻から

$$t = \frac{1}{\beta} = \frac{2m}{a} \qquad (3.33)$$

だけの時間が経過すれば、振幅は常に $\dfrac{1}{e}$（= 1／2.718…）に減少する。その様子を図 3.13(a) に示す。式（3.33）より、この時間 t は摩擦 (a) が大きいほど短く、質量 m が大きいほど長くなることがわかる。また、式（3.32）からわかるように、減衰振動の角振動数 ω は、摩擦がない時（a = 0）に比べ小さくなる。したがって、周期 $T\left(=\dfrac{2\pi}{\omega}\right)$ は長くなる。

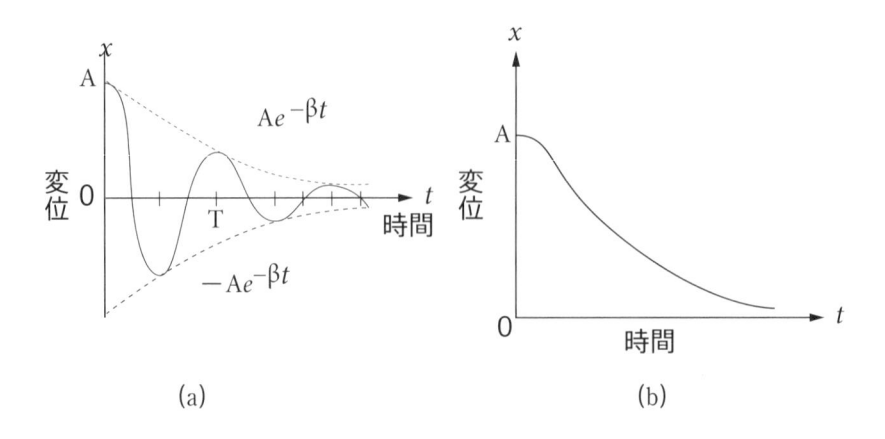

図 3.12 減衰振動 (a) と過減衰 (b)

摩擦が大きくなり

$$\frac{k}{m} - \frac{a^2}{4m^2} < 0 \qquad (3.34)$$

となると、式 (3.30) は意味を失ない振動にならない。この場合、たとえば、図 3.13(b) に示すような、$x(t)$ が時間とともに減少する非周期運動になって、しまいには静止する。このような状態を**過減衰**という。

3.2 波の性質

波の発生

池やプールに小石を投げ込むと、その小石の落下点を中心にして、同心

円状の波が拡がっていく。石が水面に落ちた時に飛んだ水滴は落下点からあらたな同心円状の波をつくる。また、図 3.13 に示すように、ロープを持った手を上下に一振りすると、その上下運動がロープに伝わって一つの波が生じ、それが前方に進行する。手の上下運動を規則正しく繰り返せば、図 3.14 に示すように上下運動の回数分だけ山と谷の規則正しく並んだ連続的な波が生じ前方に伝わっていく。

次に、図 3.15 に示すように、空間に浮かんだ仮想的なコイルバネの端を持ち、手を規則的に前後（図では左右）に動かすと、バネが圧縮されて密になった部分と伸びて粗になった部分が規則的に繰り返されて、左から右の方へ波として伝わっていく。これも**疎密波**とよばれる波の一種である。

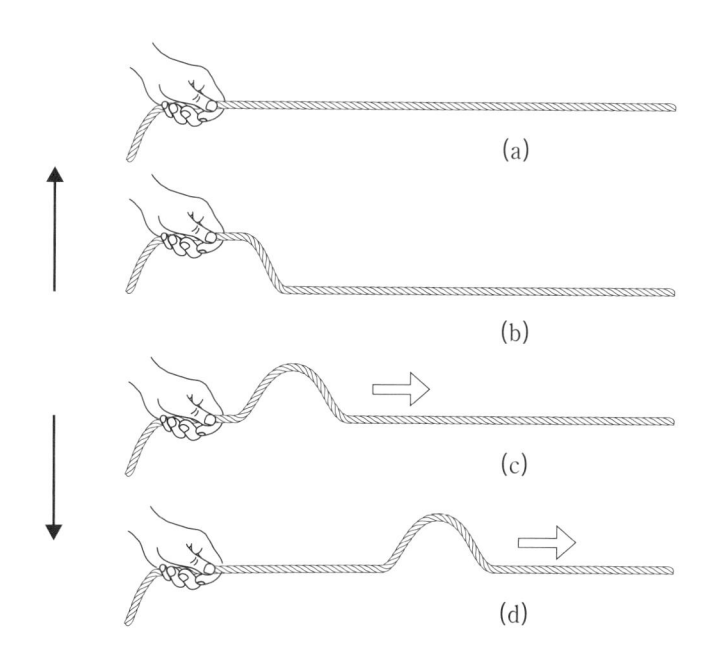

図 3.13　ロープを伝わる一つの波

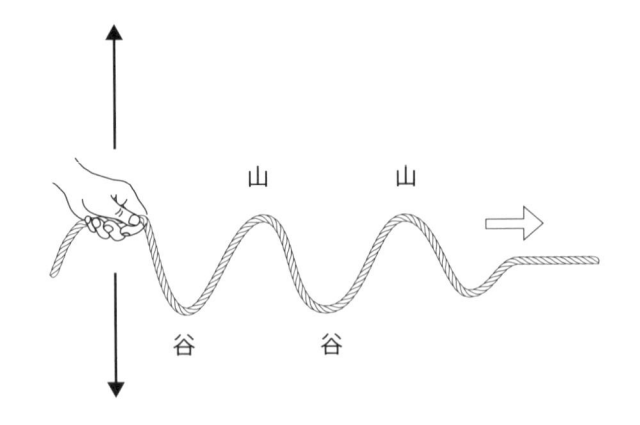

図 3.14　ロープを伝わる連続した波

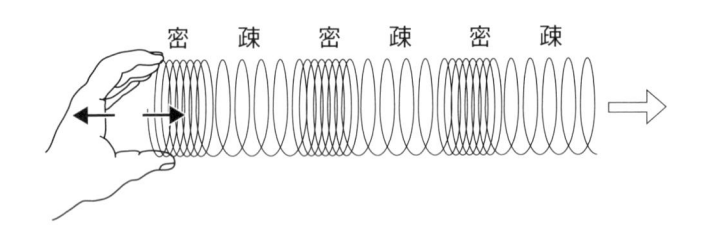

図 3.15　コイルバネの疎密波

　また、太鼓をたたくと音が出るが、これは図 3.16 に示すように、バチでたたかれた太鼓の皮の振動によって生じた空気の疎密波である。その疎密波が耳の鼓膜を振動させると、われわれはそれを音として聞くのである。
　ここで、あらためて、"波"を定義しておこう。

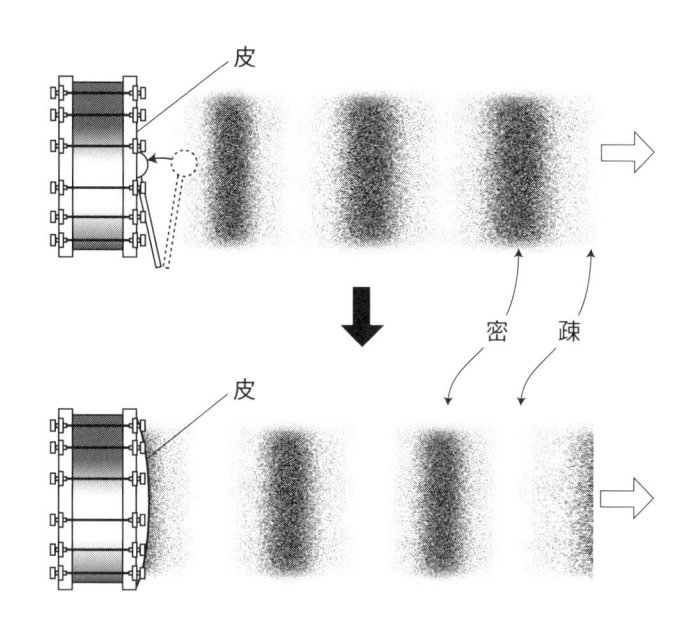

図 3.16　太鼓によって生じる空気の疎密波

　波は"何か"の振動で発生し、「ある場所の状態の変化が次々に隣の場所に伝わっていく現象」である。また、図 3.13 〜 16 からも明らかなように波と振動とは一体のものである。その振動を伝える仲介物を**媒質**という。媒質は、振動する"何か"であり、いま述べた波の例でいえば、水、ロープ、バネ、空気である。一般的に波は媒質（たとえば水などの物質）と一体であるが、後述する**電磁波**と総称される波は媒質を必要としない、つまり何もない真空中でも伝わる奇妙な波である。

波の本質

　波の進行（伝播）と媒質の動きについて考えてみよう。
　静かな水面に小石を投げ入れれば、石が落ちた点を中心にして波は同心

円状に拡がっていく。このような水面上の波の断面を模式的に描いたのが図 3.17 である。水面の形は余弦（あるいは正弦）曲線になっている。このような形状の波紋が中心から外側へ同心円状に拡がっていくのである。この"同心円"を作る山や谷のように、ある時刻において同じ変位の点を連続的にたどった線を**波面**とよぶ。波面の形によって、波は平面波、直線波、円形波、球面波などに分類される。図 3.17 に示した同心円状の波は円形波である。ある 1 点から 3 次元的に一様に拡がる波は球面波である。

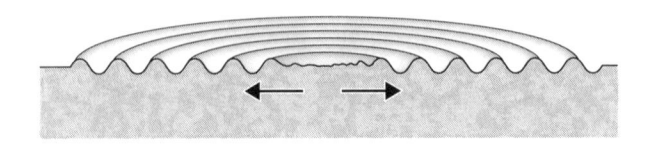

図 3.17　水面上の波の断面模式図

　読者の中には釣りが好きな人もいるだろう。釣りには浮木を使うものと使わないものがあるが、図 3.18 のような水面に浮かぶ浮木のことを思い浮かべてみよう。水面の波は同心円状に進行するので、媒質である水そのものが中心から外側へ移動していくように思える。したがって、そのような水に浮かぶ浮木も、その水に運ばれて外側へ動いていくと考えたくなるのではないだろうか。ところが、釣りの経験者なら誰でも知っているように、風の影響がなければ浮木は移動することなく、その場で上下振動を繰り返すだけである。

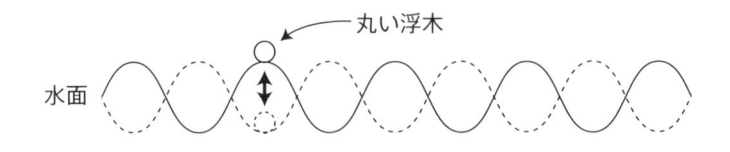

図 3.18　水面上の浮木の動き

異なった時刻（$t_1 \sim t_4$）における浮木の位置と進行する波との関係を図3.19で考えてみよう。図3.2を思い出していただきたい。図3.2はコイルバネに吊るされたおもりが上下振動する場合の時間的変位を示すものだった。図3.19の浮木は図3.2のおもりに相当する。

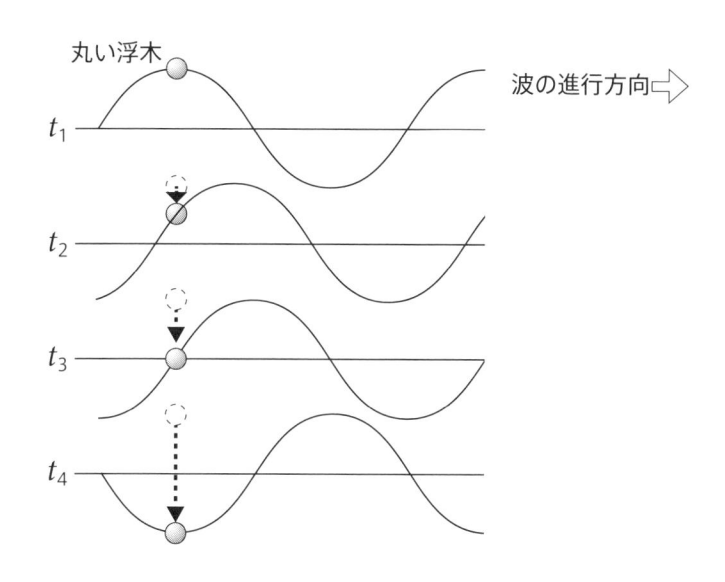

図3.19　波の進行と浮木の上下振動

　時刻t_1の時、浮木は山、つまり図3.2の$x = A$の位置にあり、時間の経過とともに浮木の位置が下がり、時刻t_4で谷、つまり図3.2の$x = -A$の位置に達する。この後、浮木は逆の動きをして、$x = A$と$x = -A$の間の上下振動を繰り返すことになる。

　このように、図3.19で水の波が右方向に進行しても、水に浮かぶ浮木が、波の進行に伴って右方向に移動することなく同じ場所で上下振動するということは、浮木を支える水という物質が右方向に移動することなく上下振動してだけであることを意味する。媒質である水の上下振動の様子を表わしているのが浮木なのである。つまり、水の波が進行しても、媒質自

体が進行しているわけではない。先に定義したように、振動が伝わる現象が波なのである。

　野球場やサッカー場をびっしり埋めた観客が順次立ち上がって「バンザイ」をすることによって、あたかも海の大波のような"波（ウェイブ）"が観客席を伝わっていくように見える"ウェイビング（waving）"が"波の本質"を明瞭に示している。図 3.20 に示すようにウェイビングを起こす媒質は観客だが、観客自身が波の進行方向に移動するわけではなく、一人一人の観客（媒質）がその位置で上下に振動しているだけである。図 3.19 には 1 個の浮木しか描かれていないが、これは、図 3.20 で 1 人の観客しか描かれていないことに相当する。

　ところで、2011 年 3 月、東北地方に未曾有の甚大な災害をもたらした巨大な津波は記憶に新しいが、じつは"津波"は"波"ではない。津波は、台風の時などに見られる高波の一種ではない。いま述べたように、"波"は媒質（この場合は海水という物質）の振動が伝わる現象であり、海水という物質そのものが海岸まで運ばれるのではない。津波は、震源地の海底から水面までの巨大な体積の物質、つまり巨大なエネルギーの塊が海岸に押し寄せてくる現象である。ウェイビングの例でいえば、満員の観客が大挙して押し寄せてくるようなものである。したがって、津波は"防波（潮）壁"のようなもので防げるものではないのである。私は「"津波"は"波"ではない」ということを強調するために「津浪」という言葉を使うことにしている。

図 3.20　ウェイビングによって生じる波

第 3 章 振動と波

波の定量的記述

　波とは何かについては十分に理解していただけたと思う。いままでに述べたロープ、バネ、水の波、それに音、いずれも"見掛け"はかなり違うのであるが、同じ"波"である。ここで、波の本質を定量的に把握するために、波の定量的記述について触れる。

　ロープや水面の波はいかにも波の形をしているが、コイルバネの疎密波はいかにも波の形をしていないし、音も疎密波であるがその姿は見えない。まず、このような疎密波をいかにも波の形に表わすことからはじめよう。

　疎密波は、媒質の密度が"疎（低）"の部分と"密（高）"の部分が規則的に繰り返されて伝わっていく波である。図 3.16 に示した空気（媒質）の定性的な密度（図 3.21 (a)）は図 3.21 (b) のように定量的に表わすことができる。このように、いかにも波の形をしていない疎密波もいかにも波の形に表現できるのである。

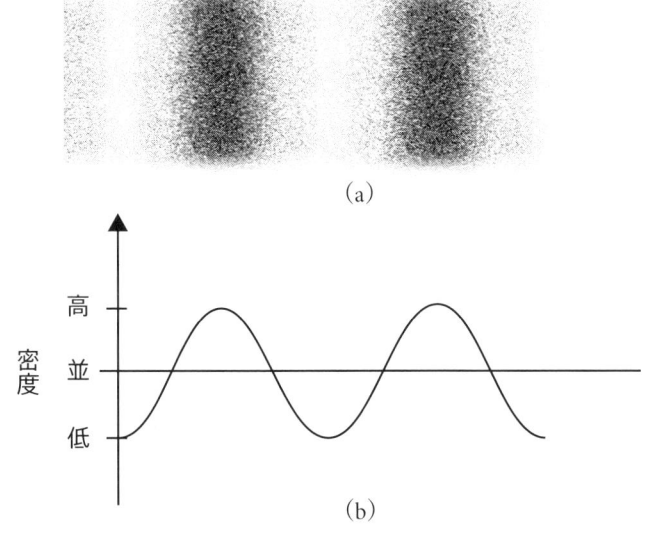

図 3.21　疎密波 (a) の定量的表示 (b)

いままで、波を定量的に表わすグラフの縦軸は位置や密度を意味したのであるが、これらを一般化すれば"媒質の変化量"ということになる。そこで、波を一般的な形式で表わすと図3.22のようになる。

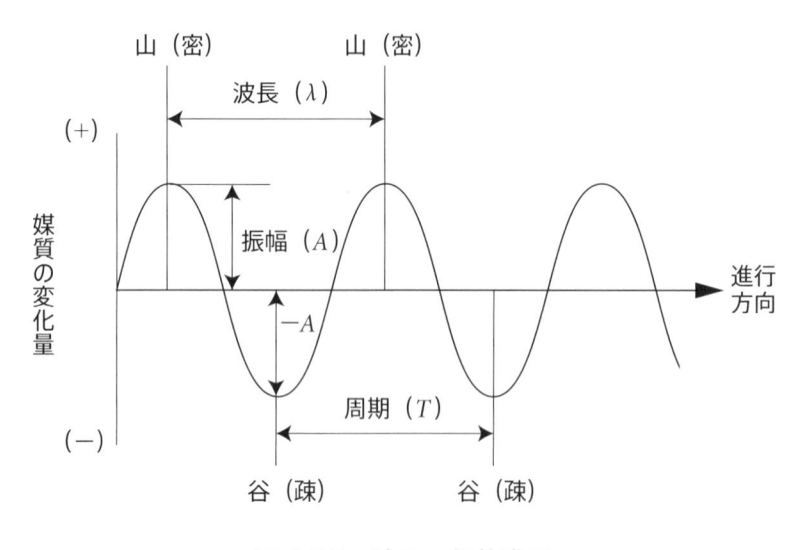

図 3.22 波の一般的表示

波は"媒質の変化量"の山（密）と谷（疎）が交互に続いた形をしており、それらが波の進行方向を時間の軸にとれば周期（T）、距離の軸にとれば波長（λ）ごとに周期的に繰り返されている。図3.22では周期は谷から谷までの時間として描かれているが、もちろんそれは山から山まででも、等価な（位相が同じ）2点間であれば同じである。波長についてもまったく同じことがいえる。要するに83ページで述べたように、1回の振動に要する時間が周期であり、この振動運動が1秒間に何回起こるかという回数が振動数あるいは周波数で周期Tと振動数fとの間には

$$T = \frac{1}{f} \tag{3.4}$$

$$f = \frac{1}{T} \tag{3.5}$$

の関係があった。振動数（周波数）には"ヘルツ（Hz）"という単位が用いられる。

そして、波長は"1つの波の長さ"のことだから、波の速さをvとすれば

$$v = \frac{\lambda}{T} \tag{3.35}$$

の関係がある。

また、山の高さ（図3.22のAに相当）、あるいは谷の深さ（図3.22の$-A$に相当）が振幅である。

波形

じつは、いままでに扱ってきた波は、媒質が単振動する極めて単純な**正弦波**とよばれる、ある意味では特殊な波である。ところが、波の媒質の振動は単振動とは限らないので、波も正弦波とは限らない。つまり、振動の仕方によって、波の形（波形）も異なることになる。たとえば、図3.23のに示すような波形の波がある。(a)、(b)は電気信号などに見られ、それぞれ三角波、矩形波とよばれる波である。(c)は後述する音波などに見られる複雑な波形である。

電気には直流と交流があるが、一般家庭、工場などで使われている電気のほとんどは交流である。

図3.24(a)に示すように、電池のような直流は時間に対して電流の大きさも向きも一定であるが、交流は(b)に示すように、大きさと向きが周期

的に変化する。日本の交流の周波数(振動数)は地域によって異なり 50 Hz あるいは 60 Hz である。図 3.24(b) に示されるような電流は一般に正弦波交流とよばれる。この図から明らかなように、交流の場合、方向の変化の境に電流が 0 になる瞬間があるので、たとえば、室内の電灯は 1 秒間に 100 回あるいは 120 回の割合で切れる瞬間があるわけである。さいわいなことに、電灯は電流が 0 になった瞬間に真っ暗になるわけではないので、人間の目がそのような点滅を感じるわけではない。

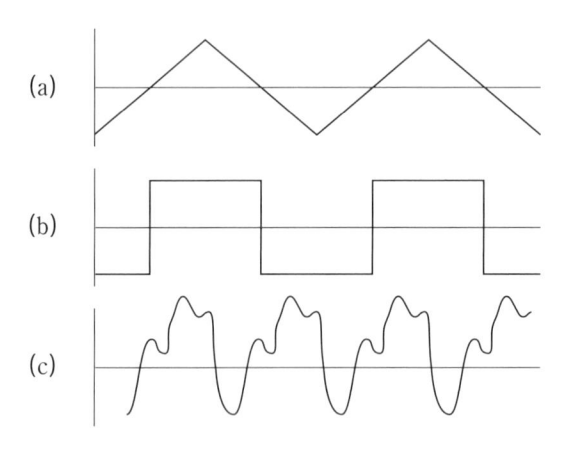

図 3.23 さまざまな波形の波

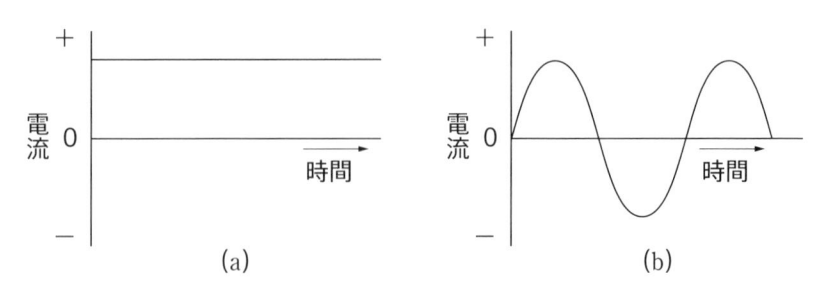

図 3.24 直流 (a) と正弦波交流 (b)

また、図 3.25(a) に示すような回路で、たとえば 2 秒間隔で 1 秒間スイッチ・オン、オフを繰り返し、直流電流を断続流にすると、(b) に示すようなパルス波が生じる。動物の心臓の脈動も一種のパルス波である。現在では、パルス幅が 0.1 ピコ秒（1 ピコ秒 = 10^{-12} 秒 = 1 兆分の 1 秒）程度のレーザー（パルス・レーザー）も開発され、化学反応のプロセスあるいは光合成の謎を調べるような研究分野で利用されている。

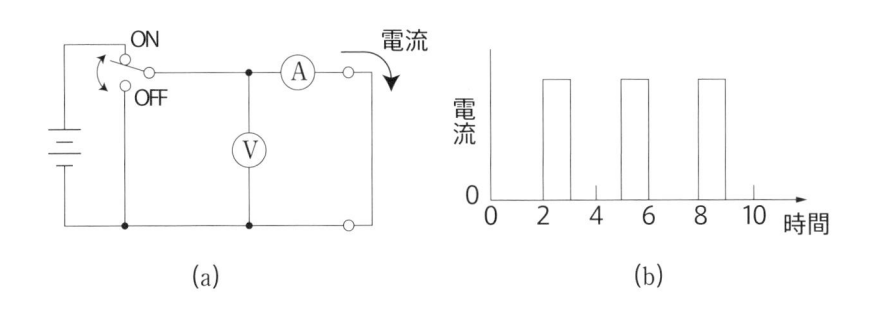

図 3.25　スイッチング回路(a) とパルス波(b)

波面

　いままで、媒質の 1 点の運動に着目して波を考えてきた。しかし、図 3.16 に示した空気の疎密波や図 3.17 に示した水面の波を見れば明らかなように、現実的な波は、媒質の無数の点の運動から成り立っている。そのような現実的な波は、ある時刻において同じ変位の点（たとえば山あるいは谷）を連続的にたどっていくと、図 3.26 に示すような線が引ける。これを**波面**とよぶ。図 3.17 の水面の波や図 3.26 に示す波面は線状になるので紛らわしいが、この"波面"を"wave front（波の前面）"の訳語として理解していただきたい。図 3.17 の空気の疎密波の"波面"は文字通り"面"になる。この場合、波面はほぼ平面になっていると考えられるので、

このような波を平面波とよぶ。図3.26に示す波は波面が直線になっているので直線波である。また、図3.17のような同心円状の波は円形波とよばれる。ある1点から3次元的に一様に拡がる波の波面は球面になるので、このような波は球面波とよばれる。

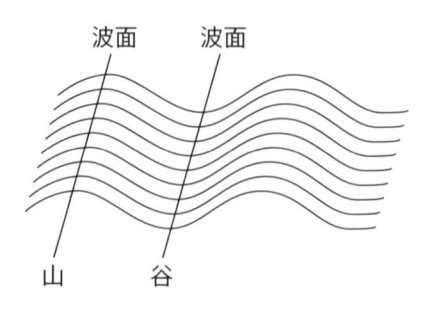

図 3.26　波面

横波と縦波

　いままで述べたように、波にはさまざまなものがある。まず、媒質の違いである。また、一般的に図3.22に示されるような連続波と図3.25(b)に示されるようなパルス波がある。さらに、さまざまな波形や波面の形状の波がある。しかし、これらはいずれも外見上の違いであって、波の本質的な違い、波の物理的な性質の違いを示すものではない。すべての波を物理的な観点から分類すると**横波**と**縦波**に分けられる。

　ロープの波（図3.13）、ウェイビング（図3.20）の波とコイルバネ（図3.15）、音（図3.16）の疎密波をじっくり眺めていただきたい。それぞれのグループの特徴は何であろうか。

　図3.19から明らかなように、ロープの波、水の波そしてウェイビングはいずれも媒質の振動方向（上下）が波の進行方向に対して垂直になっている。このような波を横波と総称する。

一方、疎密波の場合は、媒質の振動方向（前後）が波の進行方向と平行になっている。このような波を縦波と総称する。現象を考えると、私には、波の名称の"横"と"縦"が逆のように思えて仕方ないのであるが、とにかく、これらが物理学的名称である。

水面の波

　いま、われわれにとって最も身近な波である水の波については言及しなかったのであるが、水の波は横波なのだろうか、縦波なのだろうか。図3.18、図3.19の説明からすれば、媒質（水）の振動方向が波の進行方向に対して垂直な横波に思える。ところが、じつは、水面を伝わる波は、横波と縦波が混じったような複雑な波である。水は物理的にも化学的にも極めて特殊で興味が尽きない物質であるが(5)、水面の波も一般的な弾性波と比べれば極めて特殊である。

　たとえば、水面が図3.27のようになっているとすると、重力の作用で高い部分は押され、低い部分は持ち上がる現象が生じる。このような重力の作用と慣性によって波の高低の振動が繰り返される。また、水の表面積をなるべく小さくしようとする表面張力も水面の波の原因となる。高低差が小さくなれば表面積は小さくなるから、高い所を低く、低い所を高くするような力がはたらくのである。

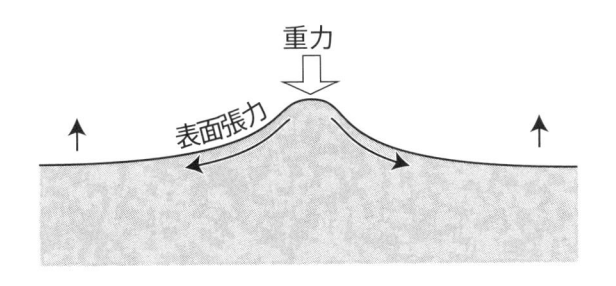

図3.27　重力と表面張力による水面の波

次に、水面の波の媒質、つまり水分子の運動について考えてみる。

水面の波の各点はたしかに図 3.19 に示すように上下の単振動をしているのであるが、水分子自体が単振動しているわけではないのである。図 3.28 に時間 t_1 と、それから一定時間経過後、たとえば $\frac{1}{8}$ 周期後の時間 ($t_1 + \frac{T}{8}$) における水面の波の断面をそれぞれ実線と破線で示す。媒質である水分子は鉛直面内で、近似的に波の振幅 A に等しい半径の円運動をしている。つまり、純粋な横波と縦波、そしてそれらの中間の要素が含まれるもとになる。図 3.28 には時間 t_1 における点●が、それから $\frac{T}{8}$ 時間後に○の位置に移動していることが示されている。

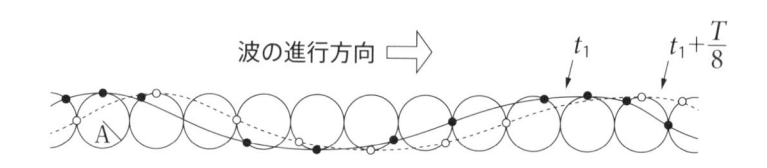

図 3.28 水面の波と水分子の運動

水分子は、水面の近くでは、図 3.28 に示すような円運動をするが、水深が深くなるに従って、図 3.29 に示すように、横振動の要素が大きくなって扁平な楕円運動になり、純粋な横振動を経て、ついには動かなくなる。たとえば、海で大きな波に飲まれそうになった場合、深く潜ればまったく静かなことを経験したことがある読者もいるであろうが、これはこのような事情による。この水面の波のように、表面付近に限られている波を表面波とよぶ。

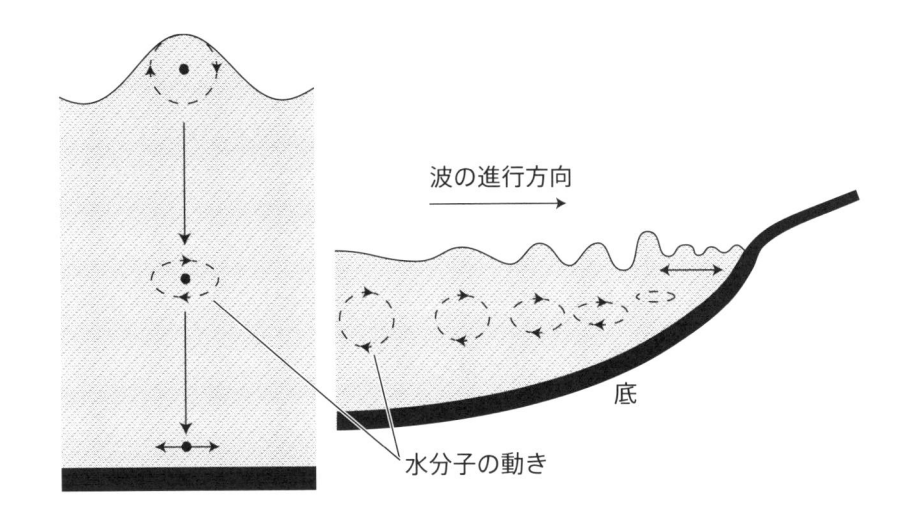

図 3.29　水分子の動きの水深依存性

地震の波

　日本人なら誰でも地震を経験しているだろう。2011 年 3 月 11 日、東北地方に未曾有の甚大な災害をもたらした巨大地震はまだ記憶に新しい。

　地震は、地殻の断層のずれや火山の噴火などの自然の力によって発生する地面の振動によって発生する地面の振動である。その地震の際、震源から放射状に拡がる波が地震波である。

　地震波は大きく実体（body）波と表面（surface）波に分けられる。実体波には P（primary）波とよばれる縦波（揺れは"横"）と S（secondary）波とよばれる横波（揺れは"縦"）が存在する。地震に横揺れと縦揺れがあるのはこれらの波のためである。

　地球の半径は約 6400 km で、その内部構造はおよそ図 3.30 に示すようになっている。地球をゆで卵にたとえれば、殻が地殻、白身がマントル、

黄身が核である。マントルは地球の全体積の 83 %、質量では 68 % を占めており、そのほとんどはカンラン岩質の岩石である。核は熔融状態の外核と固体の内核に分けられる。いずれも主成分は金属鉄であり、地殻やマントルが岩石物質であるのと対照的である。外核では熔融した鉄が対流しており、そのような導電性流体の運動によって、核があたかも巨大な発電機となって磁界が発生し（第 5 章参照）、これが地球の磁場の元になっている。

P 波と S 波は、図 3.30 に示すように、地球内部での伝播、不連続面での反射の結果である。

縦波である P 波は地殻が圧縮あるいは伸張され、その疎密がバネの波のように伝わるものである。一方、横波である S 波は地殻のずれや変形がロープの波のように伝わるものである。地上で感じる揺れ、すなわち地震は、図 3.31 に模式的に示すように縦揺れと横揺れになる。もちろん、震源では P 波と S 波が同時に発生するが、P 波は S 波より速く伝わるので、観測点ではまず縦揺れがきて、それから間をおいて横揺れがくる。この"間"の長さ（時間）から震源までの距離が計算できる。

地球表面の薄い地殻の曲面に沿って伝わる表面波の速さは最も小さい。しかし、地震によって生じる波で振幅が最も大きいのは、たいていの場合、表面波である。これは幾何学的に考えれば、P 波や S 波は 3 次元的に拡がるので震源から観測点までの距離を d とすれば、振幅が $\frac{1}{d}$ に比例して小さくなるのに対し、2 次元的に拡がる表面波では $\frac{1}{\sqrt{d}}$ に比例して小さくなるためである。ある観測点での地震波の記録の一例を図 3.32 に示す。

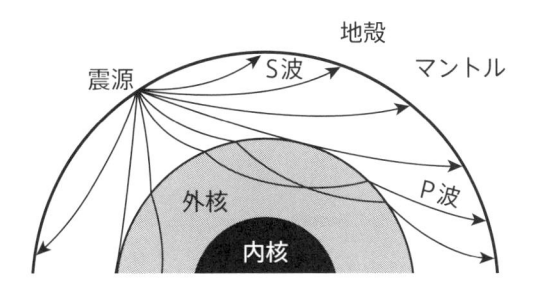

図 3.30　地球の構造と地震波

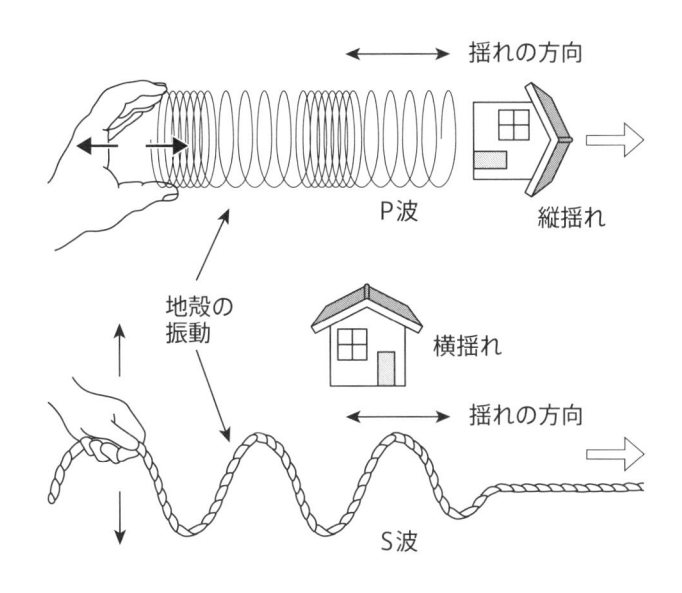

図 3.31　地震の縦波(P波)と横波(S波)

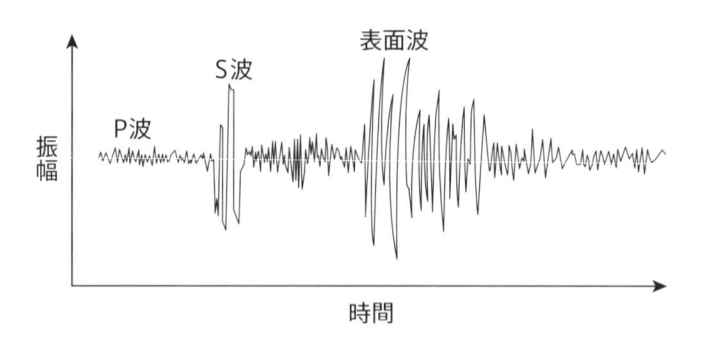

図 3.32　地震波の記録

3.3　音

音の発生と媒質..

　図 3.16 に示したように、太鼓を叩くと音が発生する。一般に、音とは空気の振動であり、それが空気の疎密波となって伝搬する現象が**音波**である。このような空気の"疎"と"密"を空気分子の密度として表わしたのが図 3.21 であった。これをもう少し厳密にいえば、空気の圧力の平均（大気圧）より高い部分と低い部分が周期的に生じ、それが伝わっていく現象が音波である。

　図 3.16 と図 3.21 を参照し、時間 $t = t_1$ とそれから Δt 後の $t = t_1 + \Delta t$ における音波の様子を図 3.33 に示す。(a)、(b) は空気の圧力（空気分子の密度）の変化をそれぞれ定性的、定量的に示したものである。

　いま述べたように、音とは、一般的に空気の振動であり、その空気を振動させるために、上の例では太鼓（の皮）を叩いたのである。太鼓以外に

も音を発生させる打楽器はいろいろある。別に、楽器でなくても、机でも何でも固体に限らず液体を叩いても音がする。その固体あるいは液体が空気の振動を誘発するからである。また、われわれはプールや海の中に潜った時にも、さまざまな音が聞こえることを経験的に知っている。つまり、音を伝える媒質は空気に限るものではなく、他の気体、液体、固体も音を伝える媒質になる。結局、物質一般に図3.33に示すような周期的な疎密（あるいは圧力の高低）ができ、それが伝わることが音（音波）なのであり、それは物理的には図3.15に示すコイルバネの疎密波と同じである。しかし、あえて"音"というのは、それが"聞こえる"、つまり人間（動物）の聴覚を刺激するからである。

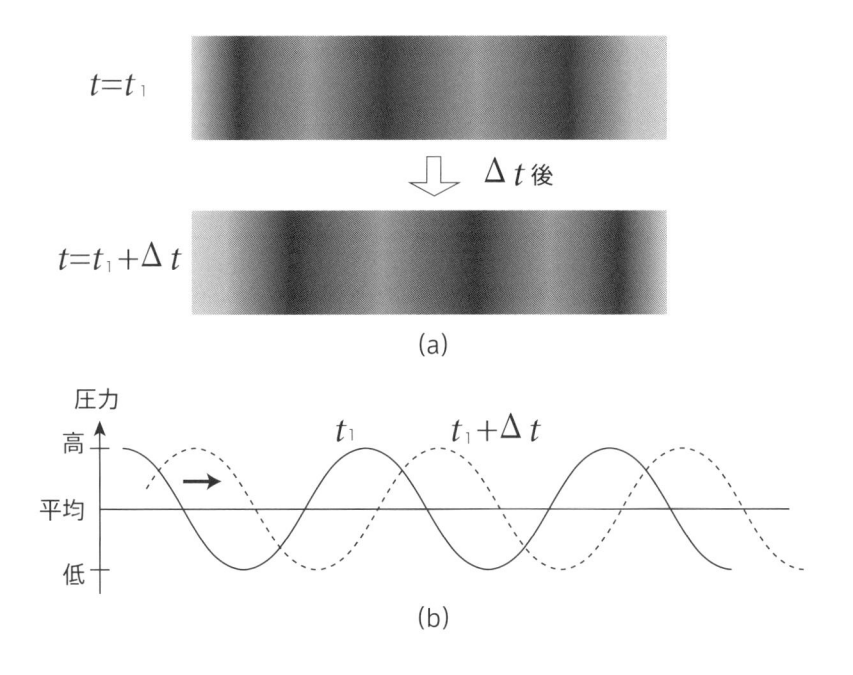

図3.33 音波の伝播

いずれにせよ、音は、後述する電磁波、光と異なり、媒質がなければ伝わらない。

音の強さ

たとえば、太鼓を叩いて音を出す場合、図3.34に示すように、小さな力で叩けば弱い音が出るし、大きな力で叩けば強い音が出る。それは、強く叩くと太鼓の皮の振動の幅（振幅）が大きくなり、空気の振動の幅も大きくなって、空気の疎密つまり圧力の差が大きくなるからである。弱く叩く場合は逆である。音の強弱は、音波が伝わる媒質（太鼓の例では空気）の振動のエネルギー、つまり、波のエネルギーの大小に関係するのである。振幅の大きさは波のエネルギーの決定要素の一つである。縦波である音波のエネルギー E_s は

$$E_s = 2\pi^2 \rho f^2 A^2 \qquad (3.36)$$

で与えられる。ここで、ρ は媒質（弾性体）の密度、f、A はそれぞれ前出の振動数（周波数）、振幅である。

音の"強さ"を I_s とすれば、I_s は音波が単位時間、単位面積あたりに伝えるエネルギーと考えられるから、E_s に速度 v を乗じて

$$I_s = vE_s = 2\pi^2 \rho f^2 A^2 v \qquad (3.37)$$

で与えられることになる。つまり、媒質が同じであれば、音の強さは［速度］×［振動数］^{2}×［振幅］^{2} に比例することになる。

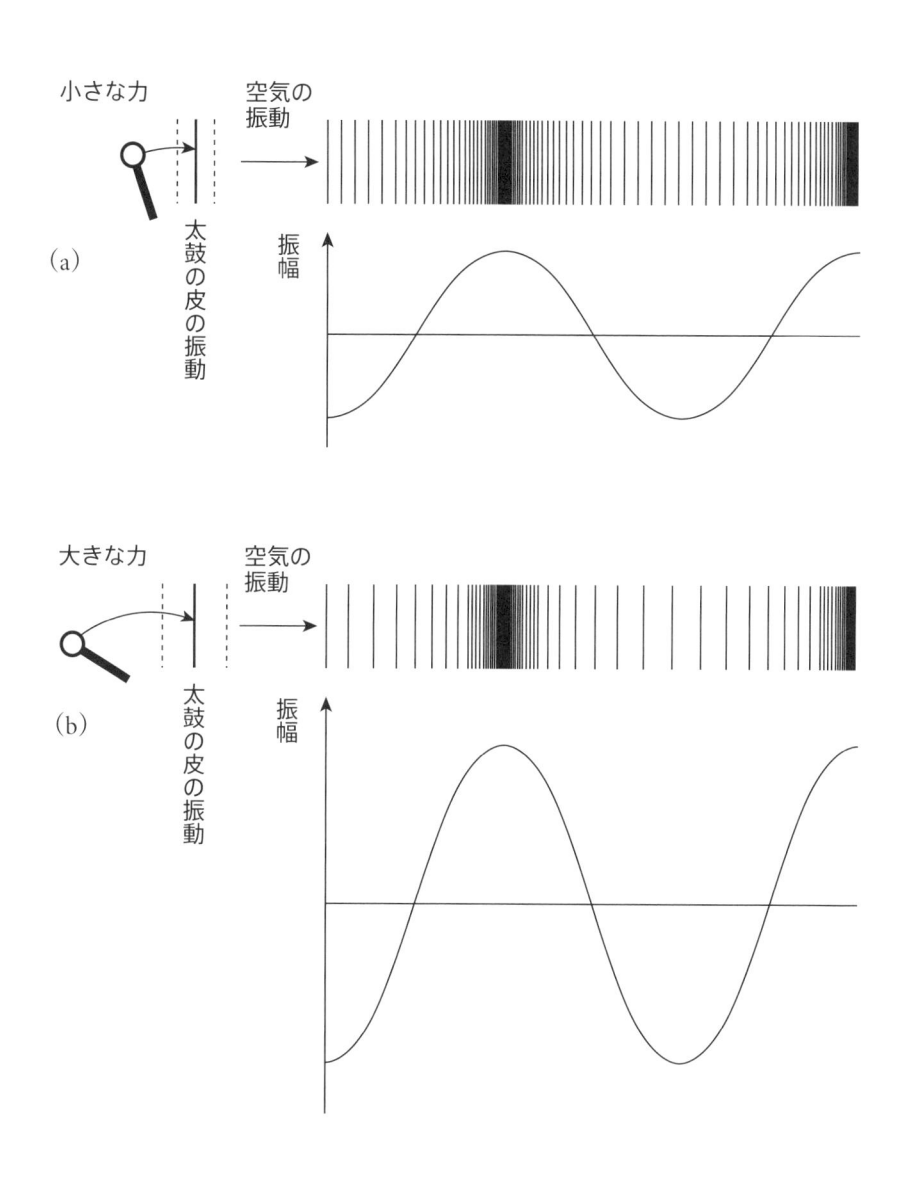

図 3.34　弱い音 (a) と強い音 (b)

いま、音の強さが［振幅］²に比例すると述べたのであるが、じつは、媒質の疎密波である音波の強さは"振幅"というよりも図3.33に示した"圧力"の観点から考えられるべきである。実際、われわれの耳は音を媒質（一般的には空気）の圧力変化として感知するのである。

　そこで、一般的に、音の強さは圧力、つまり**音圧**で表わされる。音圧の単位は圧力の国際単位 Pa（パスカル）である（表1.2参照）。音圧の基準は人間が聞き取れることができる最小の音の音圧に相当する $20\,\mu\mathrm{Pa}$（$= 2 \times 10^{-5}\,\mathrm{N/m^2}$）に定められている。音の強さ I_s は音圧を P_s とすれば、

$$I_s = \frac{P_s^2}{2\rho v} \tag{3.38}$$

で与えられ、音の強さ I_s は［音圧］²に比例するが、音の強さをそのまま音圧で表わすことはまれで、上述の $20\,\mu\mathrm{Pa}$ を基準音圧 P_o にした音圧レベル β を

$$\beta = 20\,log_{10}\left(\frac{P_s}{P_o}\right) \tag{3.39}$$

で表わすのが普通である。音圧レベル β の単位はデシベル［dB］である。われわれが日常的に耳にするさまざまな音の音圧レベル［dB］の例を表3.1に示す。

音	音圧 [dB]
近くのジェット機のエンジン	〜140
我慢の限界※	〜120
ロックコンサート	〜120
運転する自動車の室内	〜75
車の往来が激しい道路	〜70
通常の会話の声	〜60
静かなラジオ	〜40
ひそひそ話しの声	〜20
木の葉のささやき	〜10

※個人差がある

表 3.1　さまざまな音の音圧レベル

音速

音は図 3.16 に示したような疎密波で、媒質の圧縮（密）と膨張（疎）が伝播する現象である。このことからも容易に想像できるように、音が伝搬する速さ、つまり音速は媒質の種類によって異なる。

まず、最も一般的な空気を代表とする気体中の音速について考えてみる。

気体中の疎密波の速さ v は、気体の**体積弾性率**を K 、密度を ρ とすれば

$$v = \sqrt{\frac{K}{\rho}} \quad (3.40)$$

で与えられる。

体積弾性率 K は体積 V の物質に力 F が作用した時の体積変化量が ΔV であるとすると

$$K = \frac{F}{\left(\dfrac{\Delta V}{V}\right)} \tag{3.41}$$

で定義されるもので、物質特有の定数である。

音が伝搬する際の気体の圧縮・膨張は極めて短い時間に行なわれるので、ΔV の体積変化に伴う熱の出入りは無視してよい。つまり、音の伝播は断熱的現象の範囲で考えてよく、気体の定圧比熱（C_p）と定積比熱（C_v）の比（比熱比）を γ（$= C_p / C_v$）、圧力を P とすれば、式（3.41）から

$$K = \gamma P \tag{3.42}$$

となり、式（3.42）を式（3.40）に代入し

$$v = \sqrt{\frac{\gamma P}{\rho}} \tag{3.43}$$

で音速が与えられる。

波の伝わる速さは、波の種類、媒質などに依存するが、一般的にいえば、媒質が力を加えられた時に形や体積を変えにくいものほど大きくなる。媒質の性質は温度によって異なるので、音速は温度にも依存することになる。最も身近な音の媒質である空気の場合、温度 T ℃における音速 v は**気体の状態方程式**（$PV = nRT$）を使い

$$v \fallingdotseq 331.6 + 0.6T \quad [\mathrm{m/s}] \tag{3.44}$$

で得られる。つまり、常温（20℃）の空気中の音速はおよそ 343.6 m/s である。

たとえば、花火が見えてから t 秒後にドーンという音が聞こえたら、それはおよそ $343.5\,t$ m 先の花火であることがわかる。

また、特に好天の日、昼間は聞こえない音、たとえば遠くを走る列車の汽笛や電車の音が夜になるとはっきり聞こえた、という経験を持っている人は少なくないだろう。もちろん、夜になると周囲が静かになるということも無視できないが、じつは、このことには式（3.44）が関わる本質的な理由がある。

地面と大気の熱的性質（比熱、熱容量）の違いから、好天の昼間は地面に接する空気の方が上空の空気よりも温かい。ところが、夜になると放射冷却の作用で地表面の空気の方が上空の空気より冷たくなる。

すると、昼間は地表に近いほど音速が大きくなり、図 3.35(a) に示すように、音の進路は地表から遠ざかるように上方に曲げられる。つまり、音は遠方の地上には届かない。夜になると逆に上空ほど音速が大きくなり、図 3.35(b) に示すように音の進路は地表に近づくように曲げられる。このために、音は遠方まで届くのである。

液体中の音速も、基本的には気体の場合と同様に式（3.40）で与えられる。固体中の音速は式（3.40）の体積弾性率（K）の代わりに**ヤング率**（E）を用いて

$$v = \sqrt{\frac{E}{\rho}} \tag{3.45}$$

で与えられる。

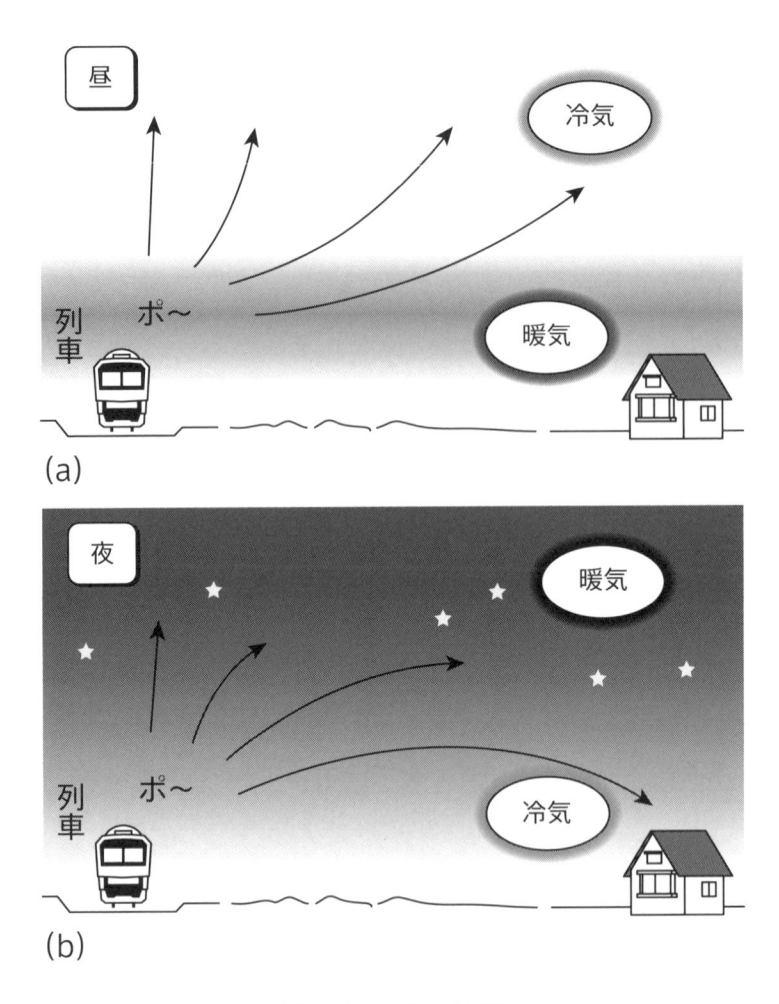

図 3.35　音の屈折

　参考のために、さまざまな物質中の音速の目安を表 3.2 にまとめておく。水中では音が空中の 4 〜 5 倍の速さで進むことがわかる。また、踏切などでレールを介して遠くで走る電車の音が聞こえてくることがあるが、これは鉄鋼中を伝わる音速が大きいためである。

物質（媒質）		音速（20℃）
気体	空気	343
	ヘリウム	1005
	水素	1300
液体	淡水	1440
	海水	1560
個体	鉄鋼	～5000
	ガラス	～4500
	アルミニウム	～5100
	堅い木	～4000

表 3.2　さまざまな物質中の音速（20℃）

音の 3 要素

　われわれの周囲には高い音、低い音、大きな音、小さな音、美しい音、耳障りな音などなどさまざまな音がある。聞こえ方が違うこれらの音は、いったい何が違うのだろうか。さまざまな音を考える上で基本になるのが、音波の"形"である。

　同じ音でも、その"聞こえ方"には多少の個人差があるものの、それは基本的には高低、強弱、音色の**音の 3 要素**に依存する。これらを図 3.36 にまとめて示す。

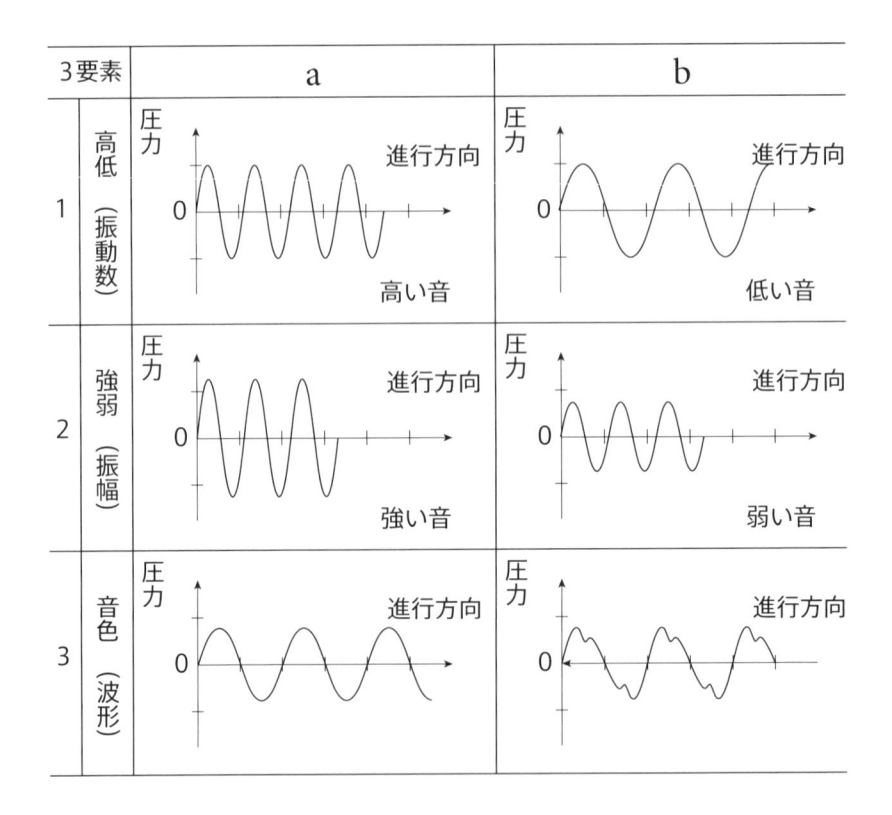

3要素	a	b
1 高低（振動数）	圧力／進行方向／高い音	圧力／進行方向／低い音
2 強弱（振幅）	圧力／進行方向／強い音	圧力／進行方向／弱い音
3 音色（波形）	圧力／進行方向	圧力／進行方向

図 3.36　音の 3 要素

　それぞれの音を 1a、1b、…、3a、3b と名づけ、それぞれの音波の振動数を f_{1a}、f_{1b}、…、振幅を A_{1a}、A_{1b}、…とする。a、b の対の音波は、3 要素のうち 2 要素は同じである。$f_{1a} > f_{1b}$ だから 1a の音は 1b の音より高い。また、$A_{2a} > A_{2b}$ だから 2a の音は 2b の音より強い。3a、3b の音は $f_{3a} = f_{3b}$、$A_{3a} = A_{3b}$ だから、高さも強さも同じだが、波形が異なるので音色が違う。しかし、物理的には高さと強さが同じ音でも音色が異なれば、われわれの耳に同じ高さ、同じ強さの音に聞こえるとは限らない。実際にわれわれに聞こえる音の高さと強さは、自分の音の好みに依存

するものと思われる。たとえば、嫌いな音は、それが物理的には弱い音であっても、感性的には強く聞こえるに違いない。

　音楽とは"音を楽しむこと"であり、楽しませてくれる音を発する器具が楽器である。オーケストラで見られるさまざまな楽器に世界の民族楽器を加えたら、楽器の数がどれだけあるのか見当がつかないほどである。異なる楽器からは、その楽器特有の異なる音が発せられるが、その違いは上で述べた音の3要素、特に波形の違いで説明される。

　いくつかの楽器の典型的な音の波形を図3.37に示す。耳に快い音は複雑ではあっても規則性のある美しい波形を持っているものである。それに対し、一般的には不快な音である雑音の波形は図3.38に示すように規則性がなく、美しい波形ではない。

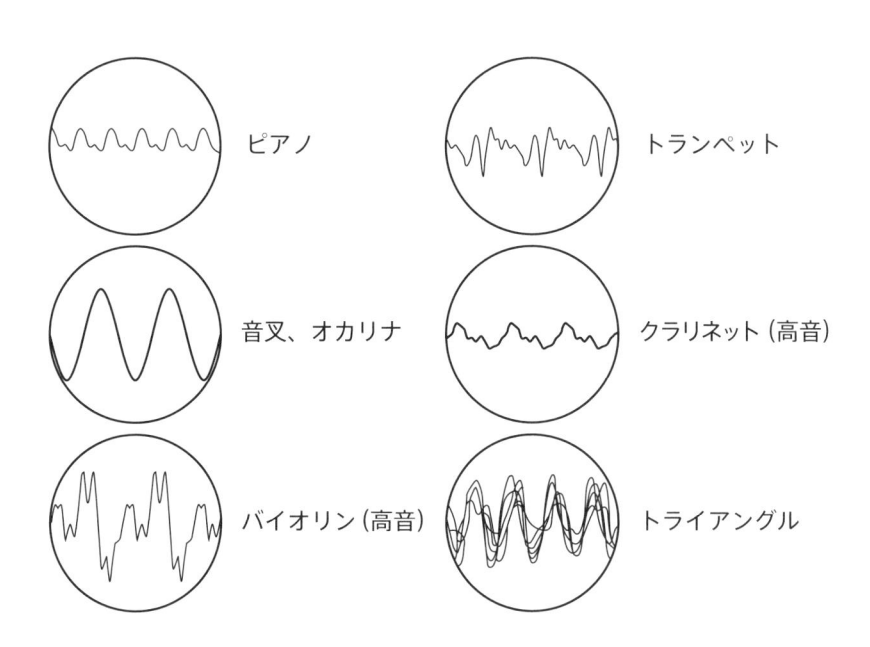

図 3.37　楽器の音の波形例

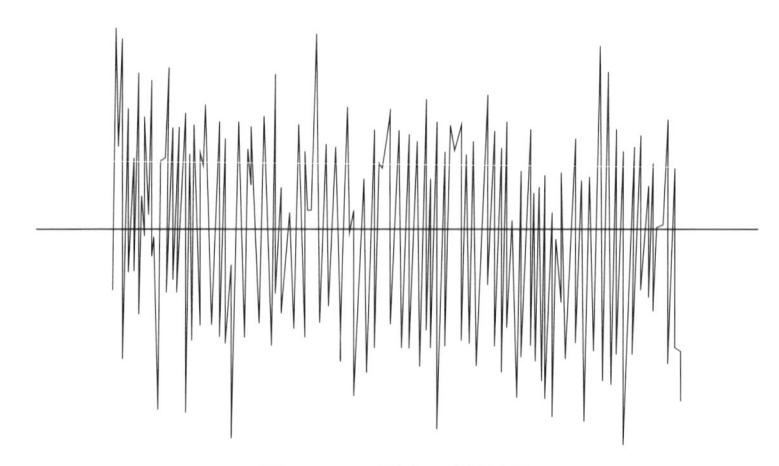

図 3.38　雑音の波形例

　さまざまな楽器は、打楽器、弦楽器、管楽器などに大別されるが、結局、"音を発するもの"、つまり空気を"振動させるもの"は何か、が分類の基準である。楽器の場合、一般に"振動するもの"は弦、膜（皮）、棒（板）あるいは気柱（管の中の空気）のいずれかである。

弦の振動

　図 3.39(a) に示すように、ピンと張られた長さ L の弦を弾いたとする。この時、誰でも想像できるのは、(b) に示すような弦の振動（基本振動・基本音）であろう。しかし、実際には (c) や (d)、さらに細かい振動（n 倍振動）も同時に起こるのが普通である。つまり、われわれの耳に聞こえるのは、これらの音の**複合音**ということである。複合音の波形がどのようなものになるかを示したのが図 3.40 である。この図 3.40 から図 3.37 に示す波形がそれぞれの楽器の複合音のものであることがわかるだろう。合奏やオーケストラで奏でられる音は、各楽器の複合音がさらに複合されたものである。

音波に限らず、一般的に波の特徴の一つは、複数の波が重ね合わされ、その結果、複合波ができるということであり、その複合波の性質は単純な"足し算"で求められる（**重ね合わせの原理**）。重ね合わせられ方（位相）の違いによって、複合波の波形は異なるし、後述する**干渉**という現象も起こる。

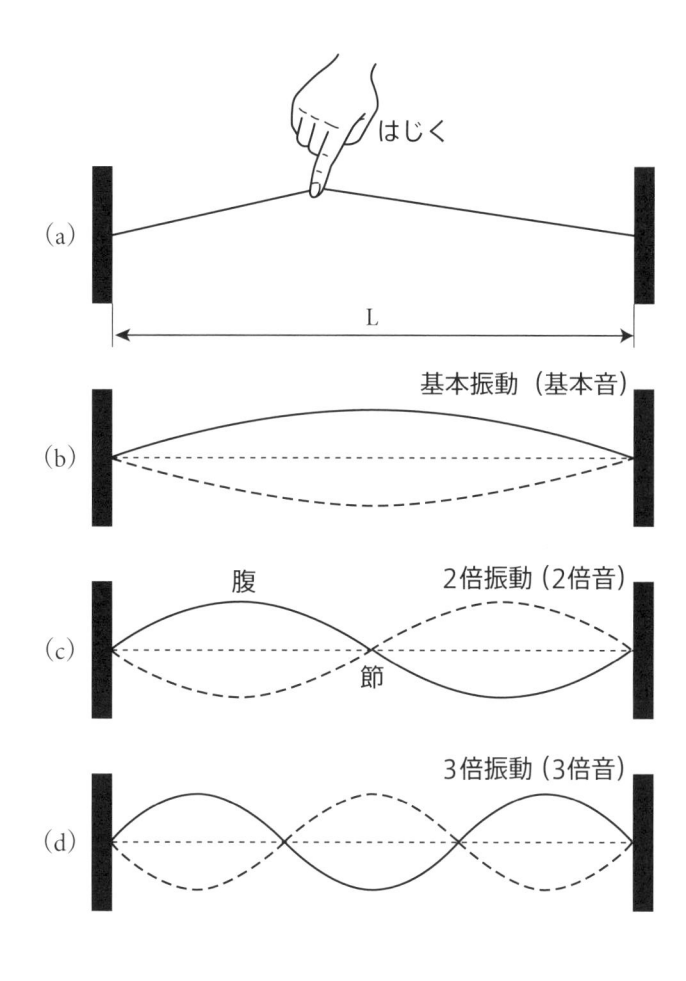

図 3.39　弦の振動

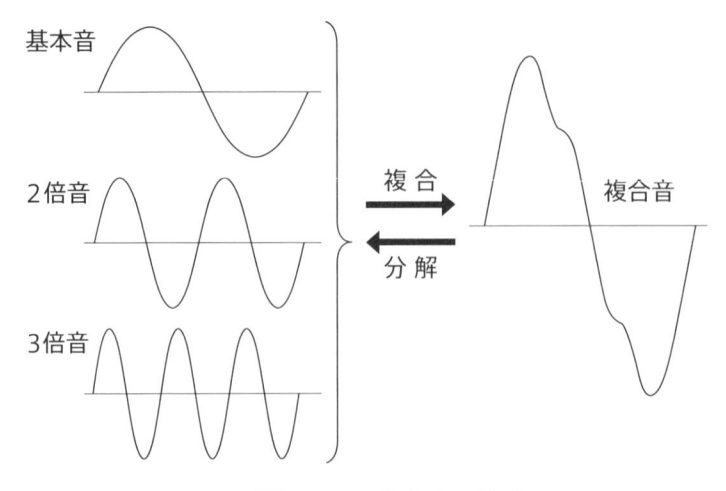

図 3.40　複合音の波形

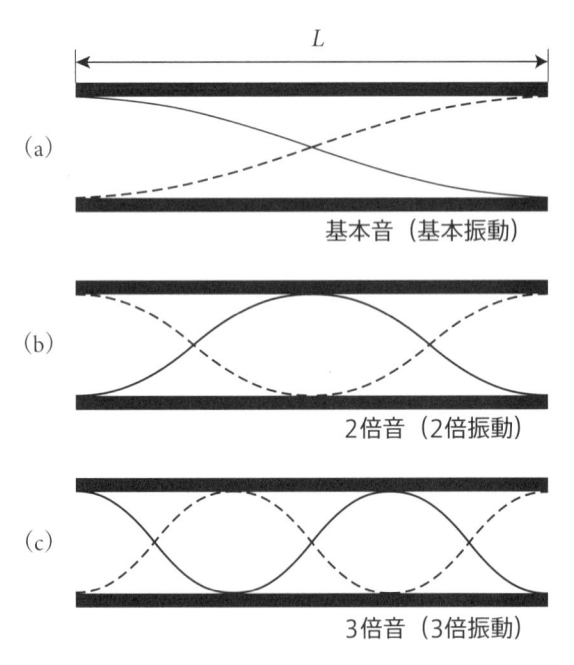

図 3.41　開管内の気柱の定在波

ところで、図3.39に示す波形の中で、振幅が極大になっている部分を腹、振幅がゼロの部分を節とよぶ。そして、(b)～(d)に示されるような腹と節の位置が変わらない、つまり進行しない波を**定在波**とよぶ。

図3.39に示される基本音やn倍音の振動数f_nについて考える。

式（3.5）と式（3.35）から振動数fは

$$f = \frac{v}{\lambda} \tag{3.46}$$

で与えられる。弦の波の速さは、弦の張力をF、弦の太さと材質に依存する線密度σとすると

$$v = \sqrt{\frac{F}{\sigma}} \tag{3.47}$$

で与えられるので、式（3.46）、（3.47）から

$$f = \frac{1}{\lambda}\sqrt{\frac{F}{\sigma}} \tag{3.48}$$

が得られ、図3.39に示されるn倍音（基本音はn = 1）の波長が l の何倍あるいは何分の1になるのかを考え、その値を式（3.48）に代入すれば

$$f = \frac{1}{2L}\sqrt{\frac{F}{\sigma}} \tag{3.49}$$

となる。

ここで、式（3.49）を見ながら、ギターのような弦楽器で音の高低をどのように調節するのかを考えてみよう。実際に演奏したことがある人にと

っては自明のことであるが、それが、当然のことながら物理的にかなったことであるのを確認するのは興味深いと思われる。

すでに述べたように、音の高低は振動数で決まるので、式（3.49）の L、F、σ を単独に、あるいは同時に複数変化させることによって音の高低を調節することになる。

指で押さえる位置を変えることによって L が、弦の張り方を変えることによって F が、そして太さの異なる弦を使うことによって σ が変化して f が変わる、つまり音の高低が変わるのである。

気柱の振動

弦楽器は弦の振動によって音を出すものであるが、笛やトランペットのような管楽器は管の中の空気（気柱）の振動によって音を出すものである。気柱の振動も基本的には弦の振動と同様に扱えるが、気柱の振動の場合、空気自体が直接振動して疎密波となって伝搬することに留意する必要がある。

まず、竹筒（たとえば尺八や横笛）や金属管（たとえばフルート）のように両端が開いた管（開管）の中の気柱の振動について考える。このような開管の一端に唇を当てて強く吹くと、その管に特有の音が出る。その音の高低と音色は、管の長さ（実際には指で押さえる穴の位置）と材質によって異なる。これが管楽器の原理である。実際の管楽器の管は曲がっていたり、太さが一様でなかったりするが、以下の考察では、一様な太さの真直ぐな管の場合を考える。また、管の材質は考慮しない。

開管の口に唇を当てて強く吹くと、管の口のところで生じた空気の振動と管内の気柱が共振して、図3.41(a)に示すような定在波ができる。図3.41では空気分子の変位の大きさを横波形式で表わしており、開管の両端で空気の変位が最大（腹）になり、中央部で最小（節）になる。空気の密度についていえば、空気分子の動きやすさと反比例するので、図3.41(a)の定在波の腹のところが"疎"、節のところが"密"ということになる。

気柱の振動においても、弦の振動の場合と同様に、図3.41(a)の基本音（基本振動）のほかに、(b)、(c)に示すように2倍音（2倍振動）、3倍音（3倍振動）、…が生じる。図に示すように、管の長さをL、音速をvとすれば、基本振動の振動数f_1、n倍振動の振動数f_nはそれぞれ

$$f_1 = \frac{v}{\lambda_1} = \frac{v}{2L} \tag{3.50}$$

$$f_n = \frac{v}{\lambda_n} = \frac{v}{\left(\frac{2L}{n}\right)} = \frac{nv}{2L} \tag{3.51}$$

で与えられる。つまり、振動数は管の太さや材質に無関係であり、長さと音速（吹く強さ）だけで一義的に決まるのである。

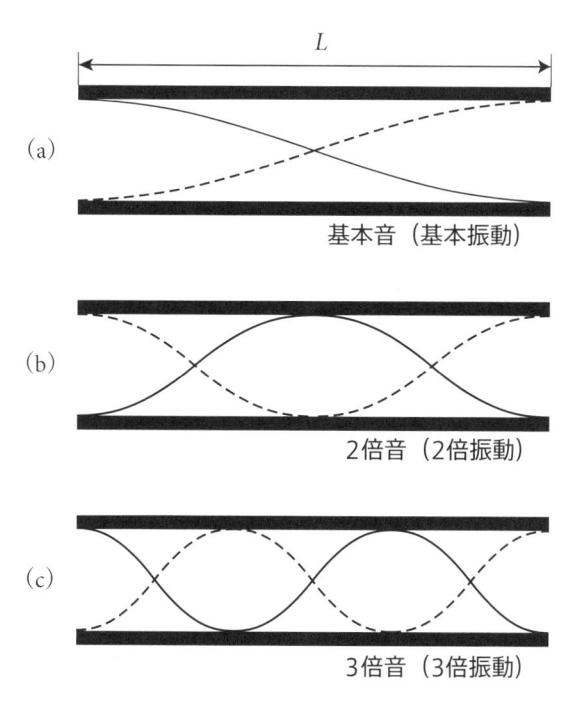

図3.41　開管内の気柱の定在波

図 3.42(a) 基本音（基本振動）

図 3.42(b) 3倍音（3倍振動）

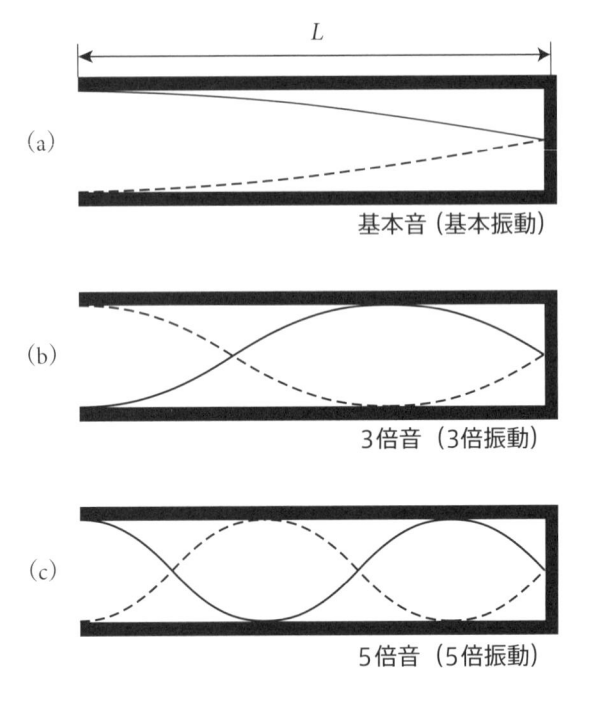

図 3.42(c) 5倍音（5倍振動）

図 3.42　閉管内の気柱の定在波

　一方、試験管のように、一端が閉じられた菅（閉管）の中に生じる定在波は図 3.42 に示すようなものになる。閉端では空気が動きにくいので、必ず節になり、開口端で腹になる。この節と腹との間の距離はいつでも $\frac{\lambda}{4}$ になるので、図 3.42(a) の基本音の場合は、$\frac{\lambda_1}{4} = L$ で $\lambda_1 = 4L$ となり、その振動数 f_1 は

$$f_1 = \frac{v}{\lambda_1} = \frac{v}{4L} \tag{3.52}$$

で与えられる。これは、同じ長さの開管の場合の振動数の $\frac{1}{2}$ に相当する。

また、n倍振動の定在波の波長 λ_n、振動数 f_n は、開管の場合と同様に

$$\lambda_n = \frac{\lambda_1}{n} \tag{3.53}$$

$$f_n = nf_1 \tag{3.54}$$

で与えられるが、閉管の場合、必ず、閉端で節、開端で腹という制約のために、図3.42(b)、(c)に示されるように、nは奇数となる。つまり

$$f_n = \frac{v}{\lambda_n} = \frac{nv}{4L} \qquad n = 1, 3, 5 \cdots \tag{3.55}$$

となる。

　縦笛、横笛に代表されるように、管楽器の管には多くの穴があけられている。一般的には、それらを閉じ、特定の穴を開いて特定の音を出す（全部の穴をふさいだ場合にも特定の音が出る）。穴を開くということは、そこが腹となるような空気振動を起こすことである。つまり、全部の穴が閉じられた場合は、定在波の腹が管の先端（開口端）にあるが、中間にある一つの穴を開くと、その場所が腹になるので、管の長さ L が短くなったことと同じになり、式（3.51）あるいは（3.52）によって、振動数が大きくなる。つまり、高い音が出るのである。

超音波

　すでに述べたように、普通、"音"とは「空気を伝搬し、耳に聞こえるもの」である。われわれに"聞こえる"ということは、われわれの聴覚を刺激するということである。一般的に、人間の耳に聞こえる周波数（振動数）の範囲は約 20 Hz ～ 20 kHz であり、この領域の音を**可聴音**とよんでいる。"可聴音"とは"聴（聞）こえる音"という意味だから、これによれば"聴（聞）こえない音"というものがあることになる。

周波数が 20 Hz より低い音を**低周波音**、20 kHz 以上の音を**超音波**とよぶ。低周波音も超音波も人間の耳には聞こえない"不可聴音"である。これらのうち、超音波は波長が短く、一般に強力でもあるため指向性が強いので、障害物の検出や人体の診断など広い分野に応用されている。前者の応用例としてはレーダーや超音波センサーなどがあり、後者の応用例としては、エコー検査や超音波顕微鏡がある。

　また、超音波ははげしく振動するので、その時の圧力変動を利用して、物体の表面などについた汚れを落とす洗浄に応用されている。これは、超音波洗浄法とよばれ、広範囲の分野で使われている。身近なところでは、メガネ屋にあるメガネ洗浄器である。工業的には最先端のエレクトロニクス分野で多用されている。

　超音波洗浄器の一般的な構造は極めて簡単で、洗浄槽と振動子から成っている。超音波洗浄装置は、基本的には電気エネルギーを音響エネルギーに変換させるもので、圧電式と磁歪式の 2 種類がある。圧電式に使われる振動子の代表は水晶振動子である。磁歪式は磁化する時に歪みを生じるニッケルなどの金属を利用するものである。

　音波は疎密波であり、それは具体的には圧力の変動を意味する。可聴音の場合、通常、その音圧はかなり強い音（120 ページ参照）の場合でも、1 気圧の数万分の 1 程度と考えられるが、水中の超音波は簡単に 1 気圧ほどの音圧を発生させることができる。水中の音圧が 1 気圧に達する瞬間に、水中に溶け込んでいた気体（主として空気）が気泡を作り、さらに音圧が高くなると、この気泡が破裂する。この時、瞬間的に数百気圧ともいわれる大きな力が発生するのである。物体表面の汚れが、この力によって除去される。波長が極めて短いので、被洗浄物の形状がどれだけ複雑であっても、その細部まで洗浄がいき届くほか、磨き粉などを用いる洗浄ではないので、メガネのレンズのように傷つきやすい製品の洗浄にも有効なのである。

3.4 波動現象

ホイヘンスの原理 ....

　ホイヘンス（1629-95）はニュートンと同時代のオランダの物理学者で、次章で述べるように、ニュートンの**光の粒子説**に対し**光の波動説**を唱えた。ここで述べる**ホイヘンスの原理**はもともと光の波動説を説明するものであったが、光（電磁波）以外の音波、水の波などさまざまな波動現象を説明するのに有効である。

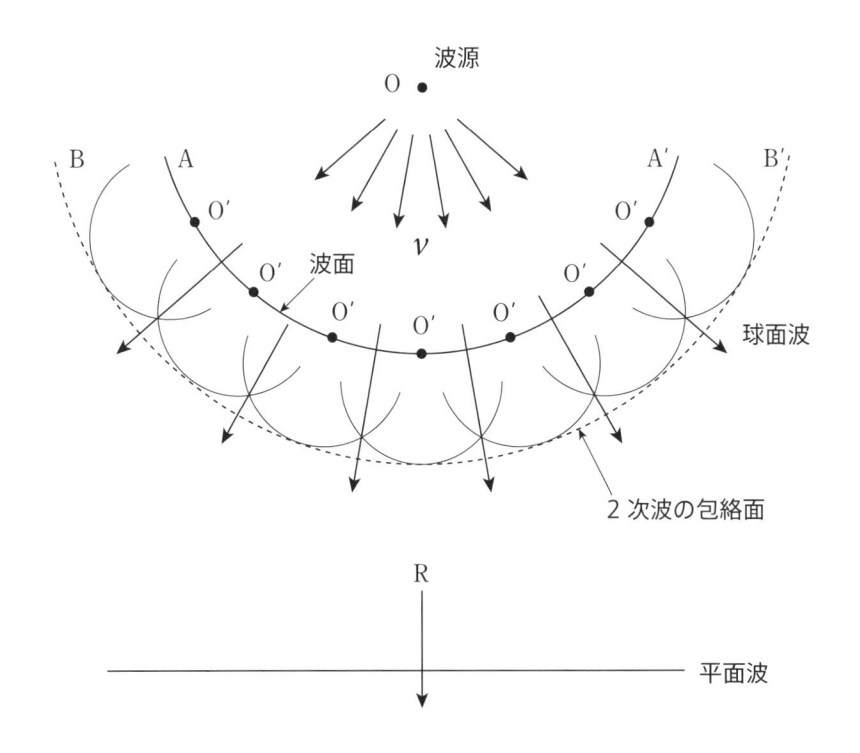

図 3.43　ホイヘンスの原理による球面波と平面波

図 3.43 に示すように、波源 O から速さ v で 3 次元空間に発した球面波の時刻 t における波面 AA' を考える。波面 AA' 上のすべての点は振動していて、その各点 O' を新しい波源として新しい波（2 次波）が速さ v で周囲に拡がっていく。2 次波は後方にも拡がるが、後方から前進してくる波（図 3.17 参照）によって打ち消され、結果的に前進する波だけが残り、2 次波の波面が形成される。このように、「ある瞬間の波面上のすべての点は、新しい波の源となって、球面波を送り出す。短時間後の波面は、これらの球面波（2 次波）の包絡面となる。」というのがホイヘンスの原理である。

　図 3.43 の上段に示すように、波源に近い波の波面は球面になっているが、波源から離れた遠方では平面とみなすことができる。そこで、このような平面波を、図中 R で示したような 1 本の矢印で表わすと、以下に述べる波の反射や屈折などの波動現象を考える上で便利である。

反射

　波は壁や障害物に当ると反射する。

　ホイヘンスの原理に基づき、平面波を 1 本の矢印で代表させ、入射角 θ_i の入射波の平面での反射について考える（図 3.44）。矢印で表わされる波を光線と考えればわかりやすいので、以下 "光線" として話を進める。

　入射角 θ_i は入射光線と反射面に対して垂直な法線とのなす角度で定義される。同様に定義される反射角を θ_r とすれば、常に

$$\theta_i = \theta_r \tag{3.56}$$

が成り立つ。したがって、図 3.45(a) に示すように、光線が粗い面に入射した場合、すべての点で式 (3.56) を満足するように反射するので、反射光は多くの方向に拡散（分散）する。このような反射を**乱反射**あるいは**拡**

散反射とよぶ。それに対し、(b) に示すように、たとえば鏡面のような平滑面（表面の凹凸が入射光の波長の約 $\frac{1}{8}$ 以下程度）では、乱反射はほとんど起こらないので反射光線が 1 方向に集中する。その結果、物が明るく見え、時には眩しく感じるのである。

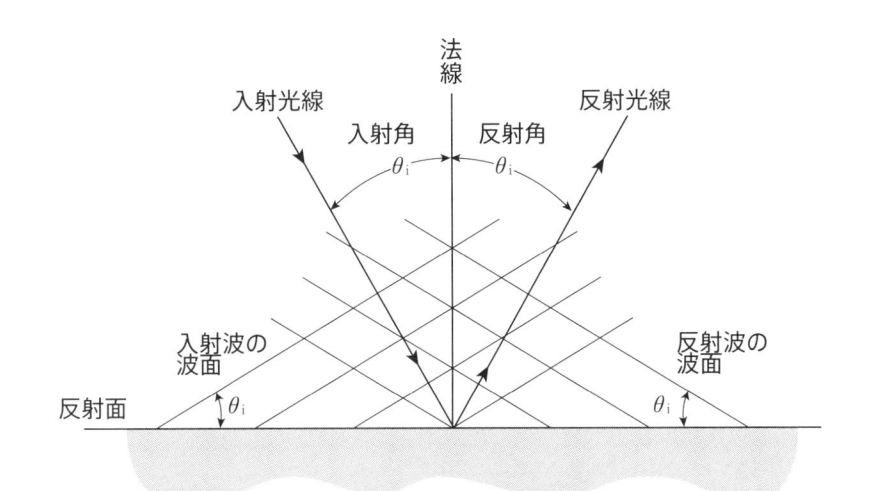

図 3.44 波の反射の法則

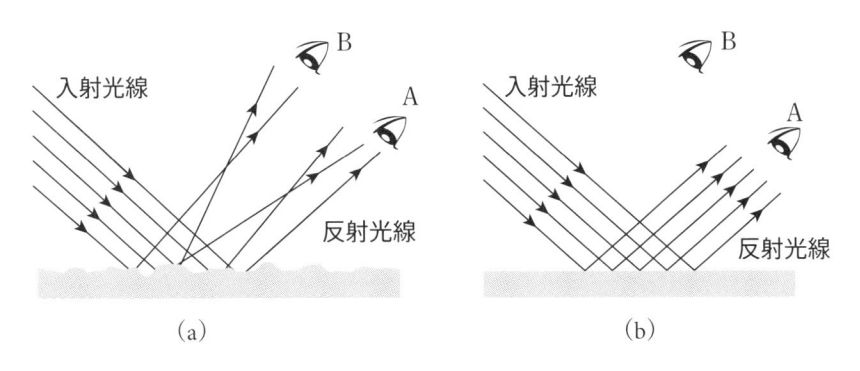

図 3.45 荒い面での反射 (a) と平滑な面での反射 (b)

たとえば、このページの紙面は、超波長の電波に対しては平滑であるが、可視光に対しては凹凸があって粗いので乱反射が起こっている。そのおかげで、どの方向から見ても（図 3.45(a) の A や B の位置）、紙面が見えるのである。もし、このページの表面が図 3.45(b) に示すように、可視光に対して完全に平滑であり、光が 1 方向から入射したならば、A の位置からは見えるが、B の位置では見えないということになる。

また逆に、超波長の電波に対しては平滑な反射面となるが、短波長の光に対しては"平滑"にならないということもある。たとえば、金網で作られた皿状のパラボラアンテナは電波に対しては良好な反射面になるが、可視光に対しては異なる。つまり、機械的平面は一義的に定義できるが、物理的（波動的）平面は入射光の波長に依存するのである。

屈折

図 3.35 に示したのは音波の"曲がり"という現象であった。この"曲がり"は音速の差が生む現象である。

たとえば、金魚鉢や水槽の中の魚を上から見た場合のことを思い浮かべていただきたい。図 3.46 に示すように、実際に魚がいる位置よりも浅いところにいるように見える。これは、空気と水面との境界における光の**屈折**のために起こる現象である。この屈折という現象も、音波の"曲がり"と同様に、光速が空気中と水中で異なるために起こる現象である。

図 3.47(a) は速さ v_1 で走行する車軸で連結された 2 輪が滑らかな舗装面からぬかるみへ、境界面の法線に対して角度 θ_1（$\neq 0$）で進入する様子を真上から見た図である。

車輪のぬかるみ内の速さを v_2 とする（$v_1 > v_2$）と最初にぬかるみに入った車輪 A は舗装面を走る車輪 B と比べて速さが落ちるので、車輪は法線に近づく方向に曲げられる（$\theta_2 < \theta_1$）ことが容易に理解できるだろう。

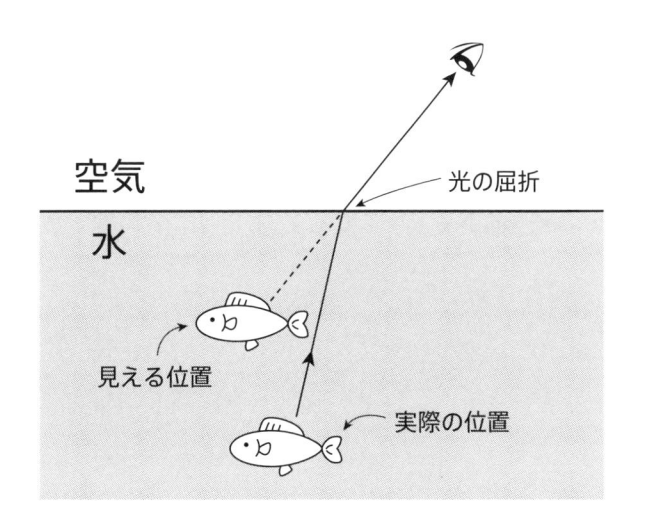

図 3.46　水槽の魚の見え方

(a)

(b)

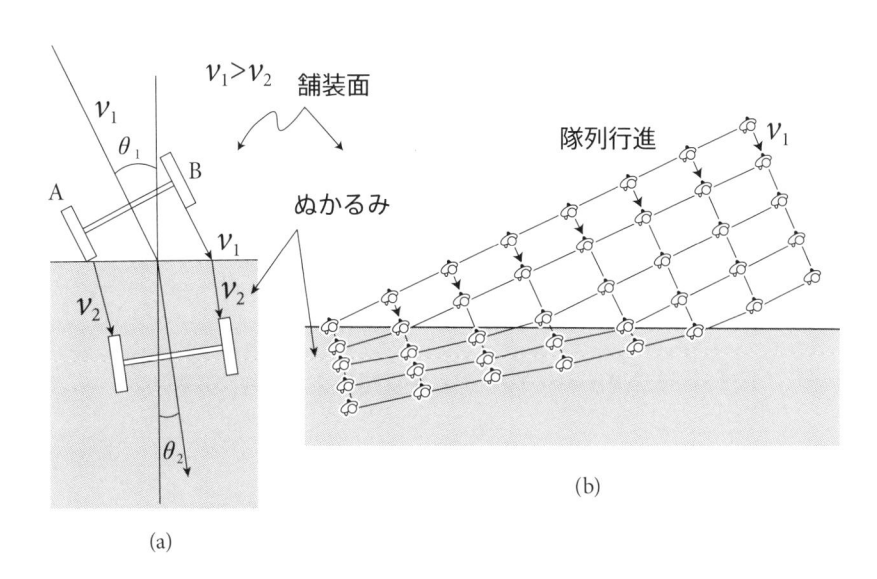

図 3.47　速さの変化による"曲がり"

また、全国高校野球大会などでの選手の入場行進の時、行進の方向を曲げるのは、内側の選手が行進する速さを小さくするのである（図3.47(b)）。また、ブルドーザーや戦車など、キャタピラーのある乗物の進行方向を曲げる場合も同様に内側のキャタピラーの速さを小さくするのである。これらが"曲がる"のも図3.47に示される原理とまったく同じである。

　光（一般的に波）の屈折もまったく同様に考えることができる。

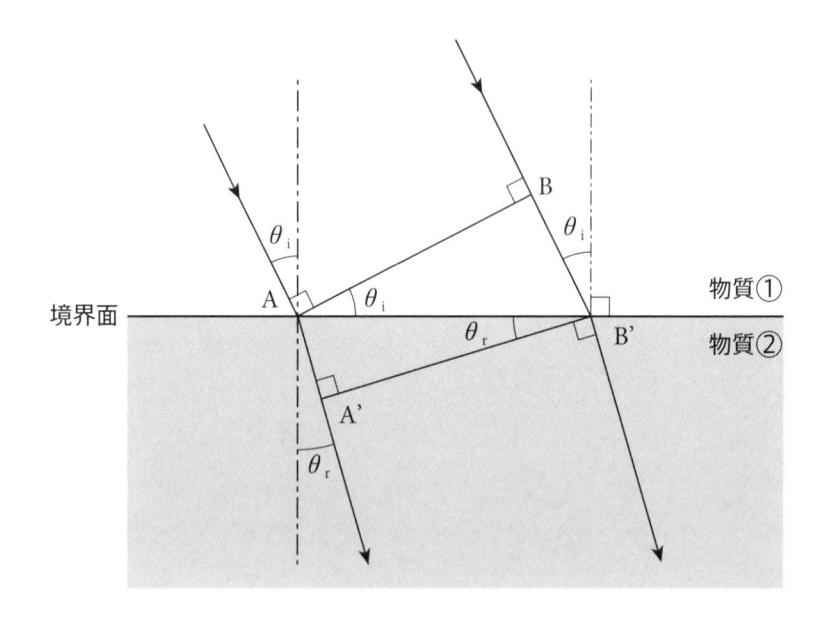

図 3.48　ホイヘンスの原理による屈折の説明

　図3.48に示すように、物質①（たとえば空気）から物質②（たとえば水）に、平面波が入射角 θ_i で入射する場合を考える。波面 A が境界面に達してから時間 t 後に波面 AB が波面 A'B' に達したとすれば

$$\frac{AA'}{BB'} = \frac{v_2}{v_1} \tag{3.57}$$

である。ただし v_1、v_2 はそれぞれ物質①、②の中の波の速さである。ここで、図のように屈折角を θ_r と置くと

$$\frac{\sin\theta_r}{\sin\theta_i} = \frac{\left(\frac{AA'}{AB'}\right)}{\left(\frac{BB'}{AB'}\right)} = \frac{AA'}{BB'} = \frac{v_2}{v_1} \tag{3.58}$$

となる。この式の導入は図 3.48 を見ながら順を追って納得しながら考えていただきたい。それほど難しいことではないはずである。ここで示される波を光と考え、真空中の光速を c とすれば、物質①、②の屈折率 n_1、n_2 が

$$n_1 = \frac{c}{v_1} \tag{3.59}$$

$$n_2 = \frac{c}{v_2} \tag{3.60}$$

で定義され

$$\frac{\sin\theta_r}{\sin\theta_i} = \frac{n_1}{n_2} \tag{3.61}$$

あるいは式（3.61）を変形した

$$n_2 \sin\theta_r = n_1 \sin\theta \tag{3.62}$$

が得られ、これを**スネルの屈折の法則**とよぶ。

いま、図3.49に示すように屈折率n_1の物質（たとえば水）の中から発した光が屈折率n_2の物質（たとえば空気）に向かうとする。ただし、$n_1 > n_2$である。入射角θ_iを(a) → (c)へ順に大きくしていくと、(b)のように、屈折光が境界面の方向と一致（$\theta_r = 90°$）する場合が生じる。この時の入射角θ_iを特に**臨界角**とよびθ_cで表わす。$\theta_i \geqq \theta_c$の場合、つまり(b)や(c)の場合、光源を発した光はすべて境界で反射され、外部へ出ることはない。このような現象を**全反射**とよぶ。

臨界角θ_cは、式（3.61）より

$$\sin 90° = \frac{n_1}{n_2} \sin \theta_c$$
$$\sin \theta_c = \frac{n_2}{n_1} \qquad (3.63)$$
$$\theta_c = \sin^{-} \frac{n_2}{n_1}$$

で得られる。式（3.63）より明らかなように、$\sin \theta \leqq 1$なので、$n_1 < n_2$の場合、全反射は起こらない。

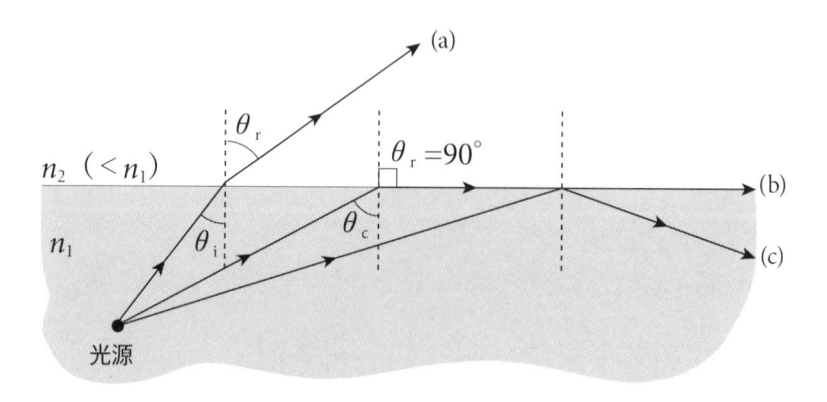

図 3.49　屈折 (a) と反射 (b), (c)

回折

いま、光（波）が反射や屈折によって進行方向が曲げられることを述べた。このほかに、波は**回折**という現象によっても進行方向が曲がる。

海岸に寄せる波の進行方向が海面から突き出た岩や防波堤によって変わるのを見たことがあるだろう。このような現象が回折で、波が示す基本的な現象の一つである。

ホイヘンスの原理に基づく回折の様子を図 3.50 に示す。あらゆる種類の波は、(a) のように、障害物によって回折し、進行方向を変える。また、波はすき間（スリット）を通過する時にも回折するが、(b)、(c) に示すように、すき間の幅が小さいほど、すき間の端での波の曲がりが大きくなる。回折の程度は、障害物の大きさと波長の相対的な比によって決まるのである。すき間の幅が波長に比べて大きい時は回折の度合いが小さい。このことは、光や電子線を顕微鏡に使う場合、波長が短いほど鮮明な像が得られることを意味する。

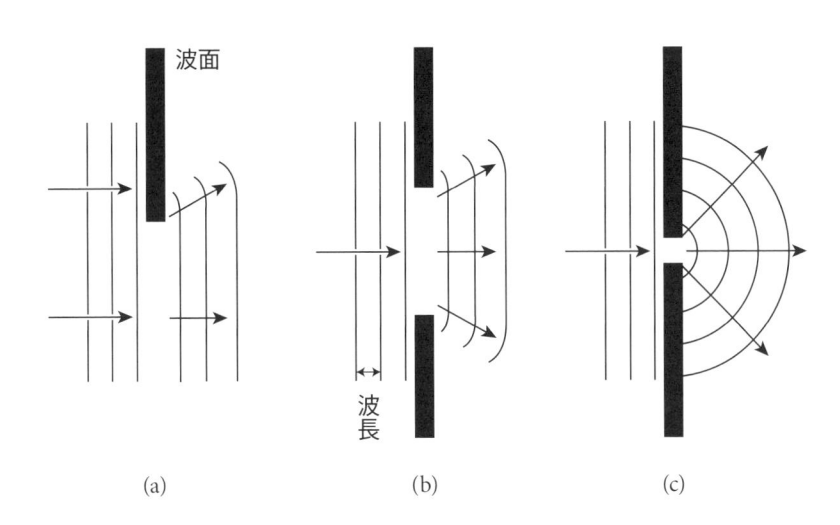

図 3.50　波の回折

重ね合わせの原理..

正弦波の一般的な波形を図 3.22 に示した。

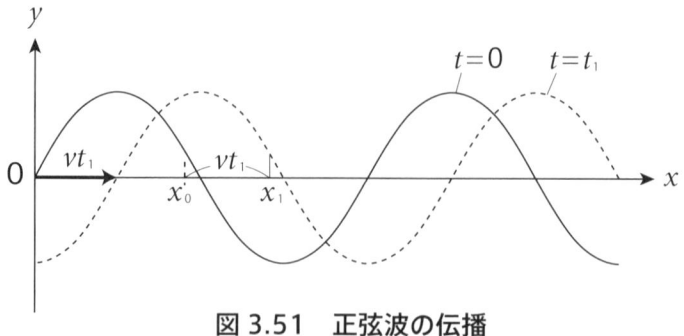

図 3.51　正弦波の伝播

いま、$t = 0$ のときの正弦波が図 3.51 の実線で表わされるとする。この正弦波が速さ v で左から右の方向に進んでいるとすれば、t_1 時間後、つまり $t = t_1$ の時刻の波は破線で表わされる。$t = 0$ における点 x_0 は t_1 時間の間に、右へ vt_1 だけ移動して x_1 の位置にきている（$x_0 = x_1 - vt_1$）。x_1 における変位 y_1 は x_0 における変位 y_0 に等しい。振動は周期 T ごとに繰り返されるから、一般的に波の変位（静止状態からのずれの大きさ）を y として、それを時間 t の関数として表わせば

$$y = A\sin\left(\frac{2\pi}{T}\right)t \tag{3.64}$$

となる。式（3.6）を式（3.64）に代入すれば

$$y = A\sin\omega t \tag{3.65}$$

となる。

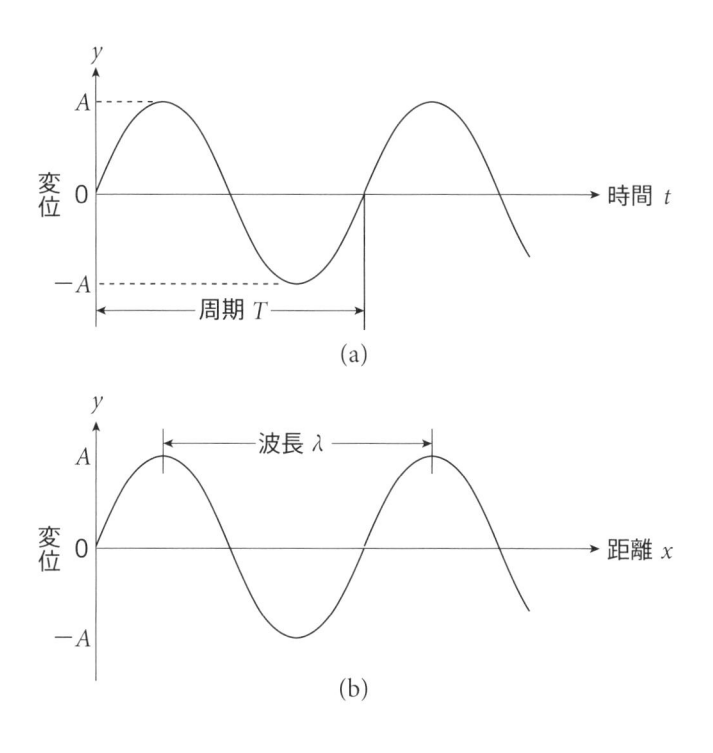

図 3.52　正弦波の変位の時間 (a) および距離 (b) 依存性

　また、図 3.17 のように、ある時刻 t の波の断面を写真に撮ったとすれば、図 3.52(a) に示されるような波形が得られるだろう。図 3.52 の (b) の形は (a) とまったく同じであるが、それらの物理的な意味が異なることに留意していただきたい。図 3.52(b) は、原点から横方向（x 軸方向）に x の距離にある媒質の変位が y であることを示すものである。

　正弦波が速さ v で x 軸上を右方向に進んでいるとすると、原点（$x = 0$）から距離 x の場所に至るまでに要する時間は $\frac{x}{v}$ である。x という場所の時刻 t における状態は、$x = 0$ における時刻 $\left(t - \frac{x}{v}\right)$ の状態と同じになるはずである。したがって、x の場所の時刻 t における変位 y は

$$y = A\sin\left(\frac{2\pi}{T}\right)\left(t - \frac{x}{v}\right) \tag{3.66}$$

で与えられる。式（3.35）を式（3.66）に代入すると

$$y = A\sin 2\pi \left(\frac{t}{T} - \frac{x}{\lambda}\right) \tag{3.67}$$

が得られる。これが、正弦波の運動を表わす基本的な方程式である。この方程式の中のsinの角度に対応する部分

$$2\pi \left(\frac{t}{T} - \frac{x}{\lambda}\right) \tag{3.68}$$

が**波の位相**である（**振動の位相**については84ページで述べた）。この位相によって波の状態が決まり、この位相が等しい面が波面となるのである。つまり、位相は、波の変位 y が1波長の中でどの位置にあるかを示すものなので、位相が同じということは変位も同じということを意味する。

ここで、振動の変位 x を表わす

$$x(t) = r\cos\left(\frac{2\pi}{T}\right)t \tag{3.21}$$

を思い出していただきたい。

$\frac{2\pi}{T}$ が単振動の位相であった。この場合の位相は時間 t だけで表わされるが、波の場合、式（3.68）に示されるように、位相は時間 t と場所 x の両方で決められる。

ところで、波の基本である振動がいつも単振動であるとは限らない。つ

まり、波も正弦波であるとは限らない。振動が複雑になれば波形も複雑になる。しかし、どのように複雑な形の波でも、いろいろな正弦波を組み合わせることによって合成できるのである。つまり、正弦波が波動一般を考える上での基本である。

いま、話を簡単にするために、一直線上を進む1次元的な2つの波を考える。

$\phi_1(x,t)$、$\phi_2(x,t)$がそれぞれの波の**波動方程式**の解だとすれば、

$$\frac{d\phi_1}{dt} + \frac{d\phi_2}{dt} = \frac{d}{dt}(\phi_1+\phi_2) \qquad (3.69)$$

が成り立つので、$(\phi_1+\phi_2)$も解になる。このことは、2つの波が重なった時にできる波は、単に2つの波を足し合わせた波である、ということを意味する。これが図3.40でも触れた「重ね合わせの原理」である。

干渉

釣り舟に乗って釣りに出た時など、舟がすれ違う時にそれぞれの舟が作る水面の波を見ていると面白い。2つの波は「重ね合わせの原理」に従って重なり合うのだが、瞬間的に大きな波ができたり、波が消えてしまったりすることがある。2つの波が互いに強め合ったり弱め合ったりしているのである。

このように、複数の波が重なり合うことによって、強め合ったり弱め合ったりする現象を**干渉**という。これは、粒子では起こり得ない波特有の現象である。

話を簡単にするために、図3.53で波長（λ）と振幅が等しい2つの波の干渉について考えよう。

波長（λ）のずれ（位相差）がゼロあるいは位相差がλの整数倍nλの場合、(a)に示すように2つの波は強め合い、振幅が2倍の大きな波が生

じる。しかし、ずれが$\frac{\lambda}{2}$あるいは$(n+\frac{1}{2})\lambda$の場合、(b)に示すように2つの波はきれいに打ち消し合って波が消える。(c)に示すのは(a)、(b)の中間の場合で、振幅の大きさはずれの程度に依存し、(a)、(b)の場合の中間になる。

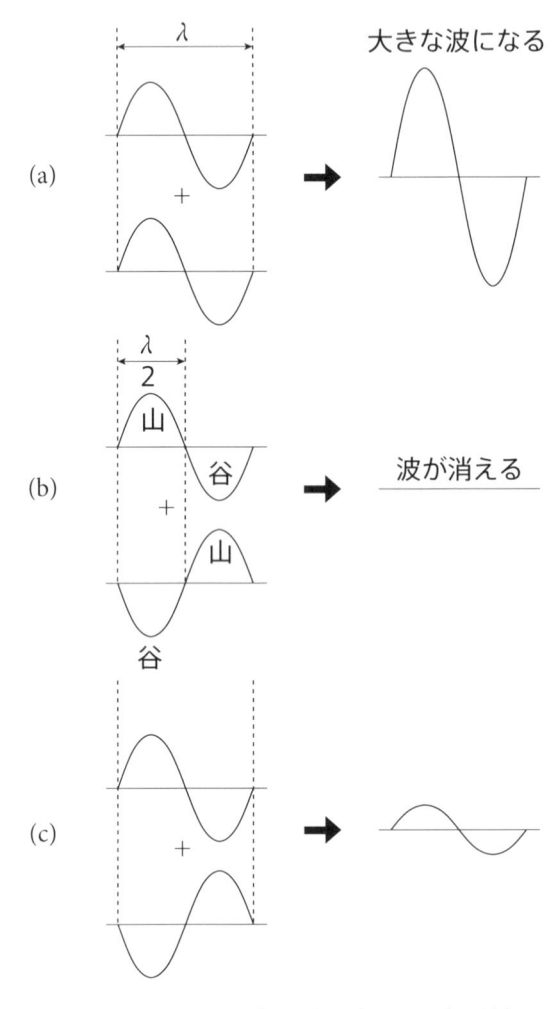

図 3.53　波の重ね合わせ（干渉）

余談ながら、世の中には表3.1（123ページ）に示すようなさまざまな騒音が存在する。地下鉄や電車の中では騒音が容赦なく襲ってくる。このような騒音を多少なりとも防ぐのは、通常は耳栓や耳当てであるが、図3.53を眺め、賢いアイデアが思い浮かばないだろうか。

　騒音と逆位相の音を人工的に作り出し、図3.53(b)の原理を応用した「音で音を打ち消す」ヘッドフォンが開発、実用化されている。

　さて、図3.54に示すように、位相が揃った2つの波（干渉現象を視覚的に理解しやすい光とする）が間隔dのスリットS_1、S_2に入射する場合のことを考える。通過する時、ホイヘンスの原理（図3.43）に従い2つの2次波に分かれて進む。スリットS_1、S_2からLの距離にスクリーンを置く。

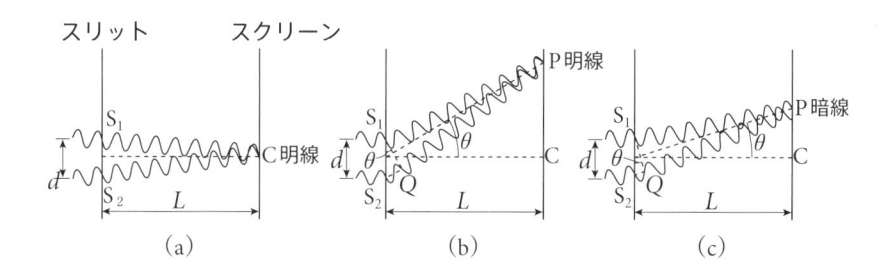

図3.54　干渉縞の形成、(a) 明線、(b) 明線、(c) 暗線

　まず、(a)に示すように、回折によって曲がった2つの波はスクリーンの中央Cに到達するが、同じ距離を進んでくるので位相にずれがなく、図3.53(a)の干渉を起こして明線となる。

　次に、スクリーン上の中央の点C以外の点Pにおける干渉について考える。たとえば、図3.54(b)で、S_1を通る波とS_2を通る波の点Pまでの光路差Δdは

$$\Delta d = S_2P - S_1P$$
$$= S_2Q \qquad (3.70)$$
$$= d\sin\theta$$

で与えられる。図 3.53 で述べたように 2 つの波が強め合う、つまりスクリーン上に明線が現われる条件は

$$\Delta d = d\sin\theta = n\lambda \qquad n = 1, 2, 3 \cdots \qquad (3.71)$$

である。また、2 つの波が弱め合う、つまり図 3.54(c) に示すようなスクリーン上に暗線が現われる条件は

$$\Delta d = d\sin\theta = \left(n + \frac{1}{2}\right)\lambda \qquad n = 1, 2, 3 \cdots \qquad (3.72)$$

である。

　このような干渉の結果、スクリーン上には図 3.55 に示すような明線、暗線の縞が現われ、このような縞を**干渉縞**とよぶ。

　ここでは、視覚的に理解しやすいように光を扱ったが、目に見えない音波や電磁波でも同様の現象が生じることはいうまでもない。

図 3.55　スクリーン上の明線、暗線の縞（干渉縞）

薄膜の干渉 ....

　干渉現象は日常生活の中でもしばしば見られる。たとえば、シャボン玉や CD、あるいは水に浮かんだ油膜などから反射する多色の縞である。また、玉虫やモルフォチョウの翅(はね)に見られる構造色も薄膜の 2 つの面から反射される光線との間に生じる干渉の結果である。

　このような薄膜による干渉がどのようにして起こるのか。図 3.56 に示すように、平らな水面が屈折率 n、厚さ d の油膜に被われており、ここに波長 λ の単色光が入射する場合について考える。

　空気から油膜に入射する光線（波面）の屈折の詳細は図 3.48 に示される。屈折後、油膜と水の境界 C で θ_r で反射した光線 CD は点 D で光線 BB' の反射光線と干渉し、E の方向に進んでいく。

155

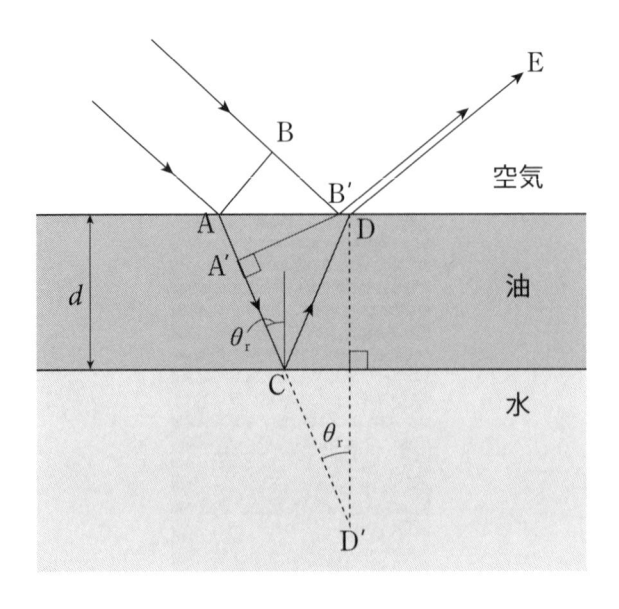

図 3.56 薄膜での干渉

　A'B' は同じ位相を持つ波面なので、干渉の条件を考える光路差 Δd は BB' と出合うまでの A'CD である。図 3.56 で △CDD' は二等辺三角形なので

$$\Delta d = \text{A'CD} = \text{A'CD'}$$

となる。また、△A'DD' は直角三角形で、DD' = $2d$ なので

$$\Delta d = 2d\cos\theta_r \tag{3.73}$$

となる。

この光路差Δdが干渉の条件（強め合うか、弱め合うか）は、基本的に式（3.71）、（3.72）にしたがって考えればよいのであるが、図3.56のような反射の場合、注意が必要である。

　一般に、屈折率の大きな媒質から屈折率の小さな媒質に向かう境界では反射時に位相のずれは生じない。つまり、山で入射すれば山で、谷で入射すれば谷で反射し、このような反射を**自由端反射**とよぶ。しかし、屈折率の小さな媒質から屈折率の大きな媒質に向かう境界では反射時に位相のずれがπだけ生じる。つまり、山で入射すれば谷で、谷で入射すれば山で反射し、このような反射を**固定端反射**とよぶ。

　したがって、図3.56において、空気→油膜の反射は固定端反射、油膜→水の反射は自由端反射となるので、干渉の条件は式（3.71）、（3.72）と逆になり、2つの光線が強め合う条件は

$$\Delta d = 2d\cos\theta_r = \left(n + \frac{1}{2}\right)\lambda \quad n = 1, 2, 3 \cdots \quad (3.74)$$

となり、2つの光線が弱め合う条件は

$$\Delta d = 2d\cos\theta_r = n\lambda \quad n = 1, 2, 3 \cdots \quad (3.75)$$

となる。

　入射する光が単色光の場合、干渉光の方向はEに限られるが、あらゆる波長の光を含む白色光（次章参照）の場合は、その波長ごとに強め合って反射する角度が異なり、油膜（あるいはシャボン玉）には虹色が現われることになる。

ニュートンリング

　図 3.57 に示すように、片側に球面を持つ平凸レンズを平面ガラスの上に乗せ、単色光を照射すると同心円状の明暗の縞が見られる。このような縞を**ニュートンリング**とよぶ。

　ニュートンリングは平凸レンズの球面で反射される光と下の平面ガラスで反射される光が干渉して生じるものである。単色光を平面ガラスの下から照射した透過光の場合にもニュートンリングが生じるが、図 3.58 に示すように、入射単色光の波長を λ、平凸レンズの曲率半径を R とし、平凸レンズの中心 C から距離（半径）r の位置で平凸レンズの下面の点 P での反射光①と平面ガラスの上面の点 D での反射光②との干渉を考える。点 P では球面での反射になるので、厳密には反射光は鉛直線上に戻ることはない。しかし、球面の半径 R が十分に大きいとして、以下、反射光の傾きは無視すると、両反射光の光路差 Δd は空気層の間隔 d の往復分であり $2d$ となる。

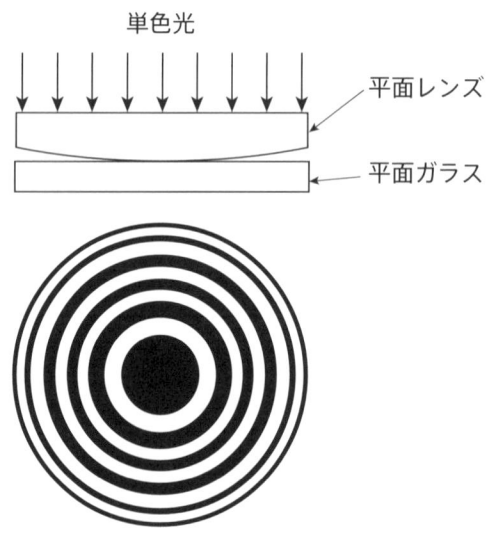

図 3.57　ニュートンリング

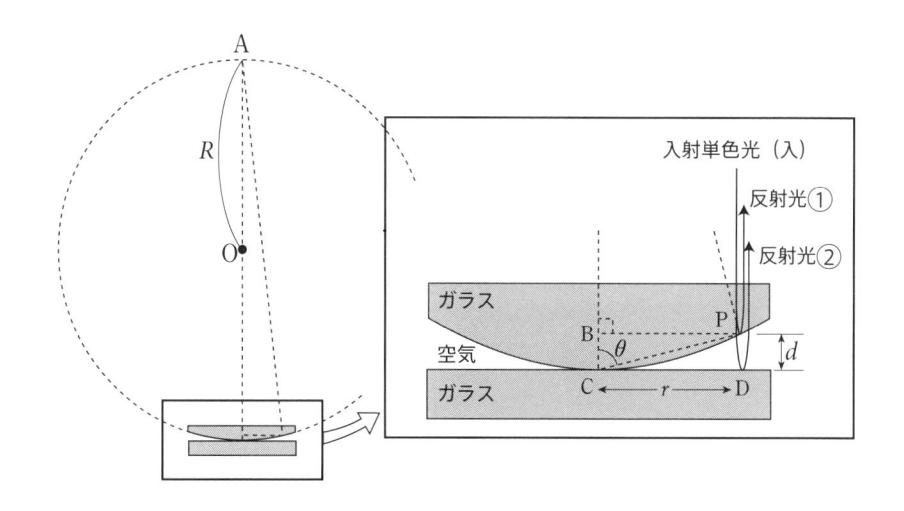

図 3.58 ニュートンリングの原理

図 3.58 に示す幾何学的配置において、△ACP と △PCB はともに直角三角形で角 θ が共通なので互いに相似になる。したがって

$$\frac{\sqrt{(r^2+d^2)}}{2R} = \frac{d}{\sqrt{(r^2+d^2)}} \qquad (3.76)$$

となり

$$r^2 = 2Rd - d^2 \qquad (3.77)$$

が得られるが、$R \gg d$ なので d^2 を消去すると

$$d = \frac{r^2}{2R} \qquad (3.78)$$

となり、反射光①と反射光②の光路差は

$$\Delta d = 2d = \frac{r^2}{R} \qquad (3.79)$$

である。

明線と暗線が現われる条件は式（3.74）、（3.75）と同じである。

偏光

電灯など一般光源や太陽から出る光は**自然光**とよばれ、図 3.59 に示すように、進行方向と垂直なあらゆる方向に振動している。このように、進行方向と垂直な方向に振動する波を横波とよんだ（112 ページ参照）。

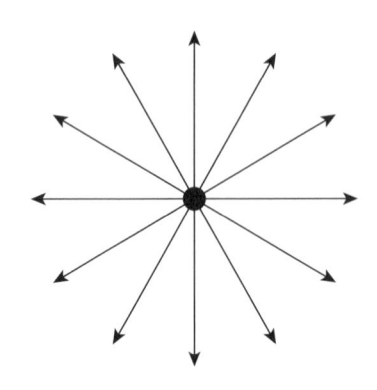

図 3.59　進行方向から見た自然光の振動

図 3.14 に示したように、波は振動によって生じる。図 3.60 に示すように、縦振動の波 (a) と横振動の波 (b) を縦スリットに通すと、縦振動の波はそのまま通り抜けるが、横振動の波は通り抜けることができない。つまり、波が消える。このようなスリットを無数に持つようなフィルターを**偏光フィルター**（偏光板、偏光フィルム）とよぶ。

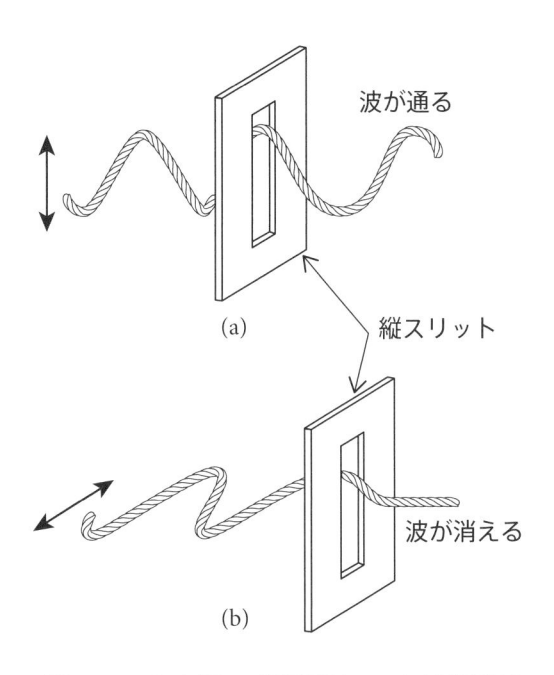

図 3.60　縦スリットを通る縦振動波 (a) と横振動波 (b)

　図 3.61 に示すように、進行方向と垂直なあらゆる方向に振動している自然光が偏光フィルター（縦）を通過する時、縦方向振動以外の光は遮断される。このように偏光フィルターを通過し、特定の方向の振動のみになった光を「振動方向が偏った光」という意味で**偏光**とよぶ。縦方向振動の偏光は偏光フィルター（横）を通過することができない。光が縦波であれば偏光という現象は起こらないので、偏光現象は光が横波であることの証

拠になる。

　偏光フィルムは、身近にはサングラスやゴーグルなどに使われている。また、最近では液晶ディスプレイに多用されている。

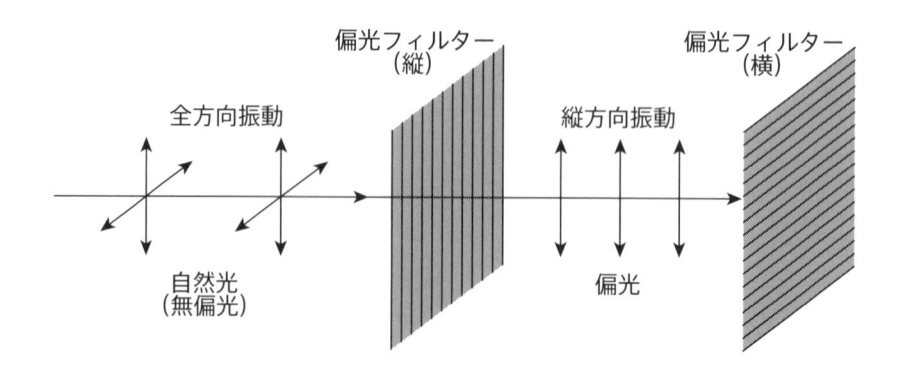

図 3.61　偏光フィルターによる光の遮断

ドップラー効果

　疾走してくる消防車のかん高いサイレンの音が、消防車が通り過ぎるやいなや、いくぶん低い音に聞こえるのを経験したことがあるだろうか。注意深く聞かないと気づかないかもしれないが、じつは、このことは物理的事実なのである。

　いま図 3.62 に示すように、消防車が振動数 f_0 のサイレンを鳴らしながら速さ v で疾走してくるとする。このサイレンを消防車が近づいてくる位置 K 点で聞けば、それは f_0 より大きな振動数 f_K の音（高い音）に聞こえ、消防車が遠ざかる位置 K' 点で聞けば、それは f_0 より小さな振動数 $f_{K'}$ の音（低い音）に聞こえる。振動数 f_0 のサイレンを鳴らす消防車が停止しており、その消防車に観測者が速さ v で近づく場合も観測者が聞くサイレンの振動数は f_K、また観測者が速さ v で遠ざかる場合は $f_{K'}$ で、消防車（音

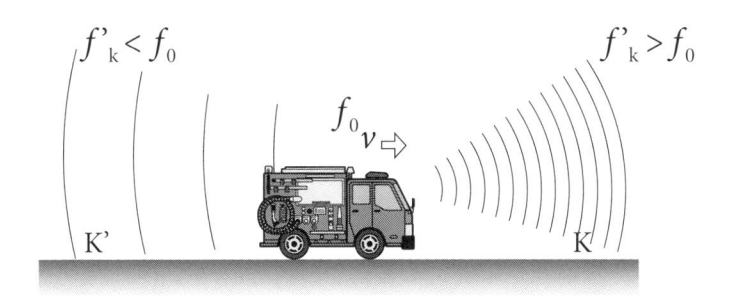

図 3.62　ドップラー効果

源）と観測者のどちらが動いても同じことである。

このように、音源に対する観測者の、あるいは観測者に対する音源の相対的な速さによって振動数あるいは波長（図 3.62 では視覚的にわかりやすいように波長を模式的に描いている）が相対的に変化する現象を**ドップラー効果**とよぶ。

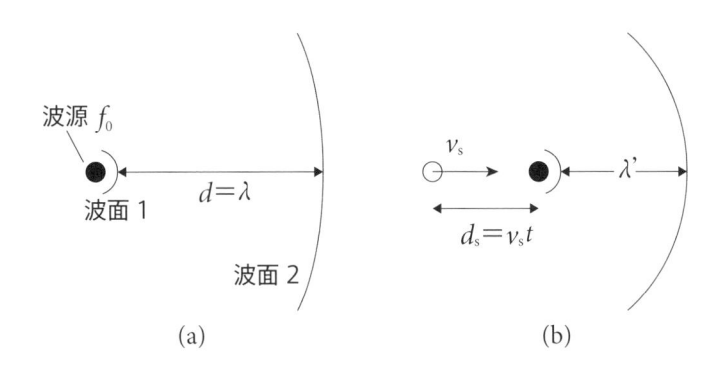

図 3.63　ドップラー効果による波長の変化

いま、音のドップラー効果について述べたが、このような現象は音に限

らず、光（電磁波）を含むあらゆる波に現われるものである。

以下、ドップラー効果を定量的に考えてみよう。

図 3.63(a) に示すように、波源が発する振動数 f_0、速さ v の波に隣接する 2 つの波面 1、2 を考える。これらの波面間の距離 d は波長 λ に等しい。波面 1 から波面 2 に達するまでの時間は $t = 1/f_0$ である。ここで、(b) に示すように、波源が速さ v_S で右方向に移動すると、t 時間で移動する距離 d_S は $v_S t$ で与えられる。この同じ時間 t の間に波面も $d = vt$ だけ右方向に移動している。つまり、(b) の場合の波の波長は λ' に変化していることになり、

$$
\begin{aligned}
\lambda' &= d - d_S \\
&= vt - v_S t \\
&= (v - v_S) t \\
&= (v - v_S) \frac{1}{f_0}
\end{aligned} \tag{3.80}
$$

となり、波長 λ' の波の振動数 f' は

$$
f' = \frac{v}{\lambda'} = \left(\frac{v}{v - v_S}\right) f_0 = \left(\frac{v}{1 - \frac{v_S}{v}}\right) f_0 \tag{3.81}
$$

となる。つまり $f > f_0$ である。

また、波源が速さ v_S で遠ざかる場合は、v_S に $-v_S$ を代入して

$$
f' = \left(\frac{1}{1 + \frac{v_S}{v}}\right) f_0 \tag{3.82}
$$

となり、$f < f_0$ である。

波源が停止し、観測者が速さ v_0 で近づく場合は、波の観測者に対する相対的な速さ v' は $v' = v + v_0$ となるので

$$f' = \frac{v'}{\lambda} = \frac{v+v_0}{\lambda} = \left(1+\frac{v}{v_0}\right)f_0 \tag{3.83}$$

となる。また、観測者が停止する波源から v_0 で遠ざかる場合は、v_0 に $-v_0$ を代入して

$$f' = \left(1-\frac{v_0}{v}\right)f_0 \tag{3.84}$$

となる。

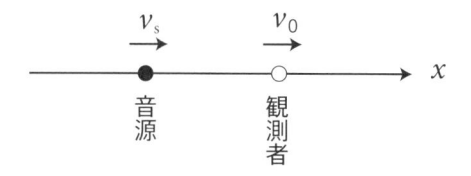

図 3.64　音源と観測者の移動

波源も観測者も動く時は、図 3.64 のように x 軸右方向の速度を $+v_S$、$+v_0$ とし、それぞれの符号（向き）を考えれば一般的に

$$f' = \left(\frac{1-\dfrac{v_0}{v}}{1-\dfrac{v_S}{v}}\right)f_0 \tag{3.85}$$

が得られる。

ところで、現時点で、この宇宙が膨張を続けていることはさまざまな観

測結果から事実と考えてよいが、じつは**膨張宇宙論**の科学的端緒は光のドップラー効果の発見であった。

1920年代、ハッブル（1889-1953）らアメリカの天文学者が天体から発せられるスペクトル線の波長（振動数）のずれを発見していた。観測される波長は本来の波長と比べ長い方に、色でいえば赤い方にずれるので**赤方偏移**とよばれたが、これが光のドップラー効果によるものだったのである。それは、そのスペクトルを発する天体が観測点である地球から遠ざかっていることを意味した。このような天体観測を積み重ねた結果として到達したのが「膨張宇宙論」であった。

このドップラー効果は、自動車や野球のピッチャーの投球など運動する物体の速度測定装置など、われわれの身近なさまざまなところで応用されている。スピード違反で、ドップラー効果のお世話になることは避けたいものである。

余談だが、コウモリは奇妙な動物である。哺乳類でありながら、翼手とよばれる翼を持っており、空を自由に飛ぶことができる。洞窟、廃坑、森林など、一般的に暗くジメジメした場所に棲息し、夜行性でもあるので、その形態と相まって、気味が悪い動物という印象が強い。しかし、このコウモリは、最新鋭・空中警戒管制機（AWACS）も顔負けの、生まれながらの"ハイテク機器"を備えた動物なのである。

コウモリは、優れた超音波レーダーを駆使し、障害物や食物などとの距離、方向、大きさなどを瞬時に知ることができる。また、ドップラー効果を利用し、獲物の動きをも探知する。コウモリは5万〜10万Hzの超音波を毎秒数回〜数十回パルス的に発し、それを発達した聴覚で"情報処理"する超能力を持っている。コウモリの脳の中に、音の物理現象を正確に解析する機能、およびそのための"ハイテク装置"が満載されていると考えざるを得ない。このため、コウモリは狭い洞窟や茂った森林の中でも、そして暗闇の中でも自由に飛翔できるのである。また、目隠しをして、天井から多数の針金を吊り下げた室内に放しても、針金に衝突することなく、巧みに針金をよけて飛び回ることができるそうである。

コウモリが持っている機能に匹敵する、そしてコウモリの脳の大きさぐらいのハイテク機器を人間がつくるのは不可能に思える。
　私は、いつも、自然の神秘と生物の超能力に圧倒されているのである[6]。
　閑話休題。

第4章　光と色

　光はわれわれにとっては空気や水と同じように身近なものであり、生きていく上で不可欠のものである。もちろん、誰でも「光がどういうものか」は知っている。ところが、「光とは何か」、「光の本質は何か」という物理的質問になると、その答は容易には得られない。正直に告白すれば、このような本を書いている私自身、光のことを本当に理解しているという確信が持てないのである。事実、物理の世界で光の正体は長い間、謎であったし、「光とは何か」という疑問が最先端物理学の発展を推進してきたともいえるのである。

　じつは、現代物理学（量子論、相対性理論）で主役をつとめるのは光である。"現代物理学的・光"については別刊『社会人のための物理学Ⅲ　現代物理学』で詳述することにして、本書では"古典物理学的・光"について述べる。両者がどのように異なるのかについては本文中で簡単に触れる。

　また、われわれの誰にとってもあたりまえに思える"色"についても、「色とは何か」となると厄介な問題なのである。光がない真っ暗闇の中では、物体の色は（形も）見えないから、光と色が切っても切れない関係にあることはわかる。しかし、たとえば、「空色」という色があるが、本当に、空に色がついているのだろうか。一般的に「空色」はブルーであるが、「空の色」は一定ではなく、さまざまな色に変わることは誰でも知っている。

　普段、われわれがあたりまえのものと思っている光と色についてちょっと深く、物理的に考えてみよう。周囲の見方が変わってくるに違いない。

4.1 光

光の伝播

　誰でも、"影絵"で遊んだことがあるだろう。手や指、切り抜き絵などに電灯の光をあてて、それらの影をスクリーン、障子などに映し出したのが"影絵"である。いろいろな色のセロファンを使えば多彩な絵が映し出される。また、地球を取り巻く宇宙空間で、時折見られる"月食"という現象も一種の影絵である。特に皆既月食は太陽、地球、月が一直線上に並び、月が地球の影にすっぽりと入ってしまう現象である。さらに、夏の風物詩である回り灯籠も影絵の一種である。

　これらの"影絵"から、まず、光は透明でない物体によって遮られるものであることがわかる。さらに、光は直進するものであることもわかる。光が直進しなければ、物体と同じ形の影絵は得られない。また、光が遮られていない部分が明るく見えるのは、そこで光が図 3.45 に示したように反射しているからである。このような光の性質を利用したのが映画やスライドである。

　ここで、頭の中での"思考実験"をしてみよう。

　図 4.1 に示すように、サーチライト（光）とサイレン（音）で情報を伝える灯台を、空中に浮かせて巨大な透明容器の中にすっぽりと入れる。この状態で、光と音の情報は外に届くだろうか。

　サーチライトの光もサイレンの音も、容器の壁に吸収される分だけ弱まるが、いずれも外に届くだろう。

　次に、この巨大な容器の中を徐々に排気し、真空にしてしまうとどうだろうか。光と音の情報は外に届くだろうか。

　すでに述べたように、音は空気（媒質）の振動による疎密波が伝わっていく現象である。したがって、灯台が入った容器の中が真空になれば、音を伝える媒質がなくなるので、容器の外はもとより中でも音は聞こえない。つまり、サイレンの音は外に届かない。

しかし、太陽の光が真空と考えられている宇宙を通り抜けて地球に届いているのだから、灯台のサーチライトの光は外に出ることができるので、外からサーチライトの光が見える。つまり、光は真空中でも伝播するモノである（ここで"モノ"と書く理由はあとで説明する）。ちなみに、"真空"とは物質が何もない空間のことである。

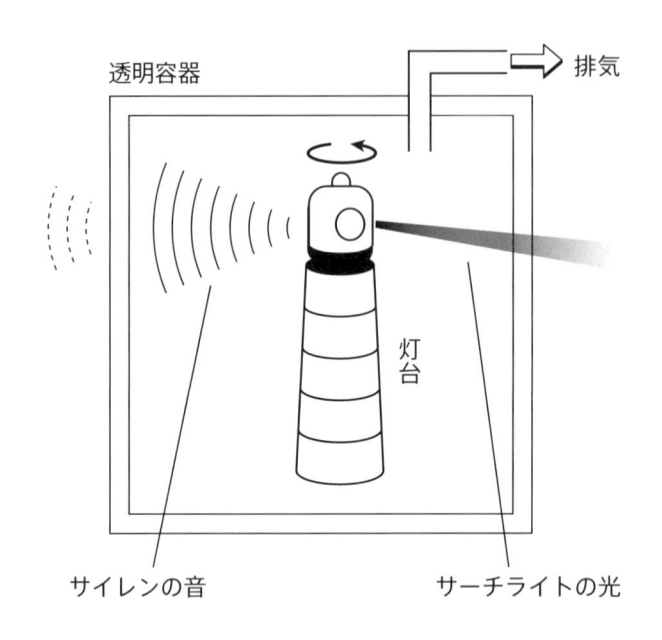

図 4.1　音と光の伝播の思考実験

　光は真空中でも伝播するモノであることがわかったが、その速さはどれくらいだろうか。125 ページに述べた花火の音と光が伝わる速さの違いを思い出していただきたい。光は"秒速 30 万 km"という速さで伝わるのであった。それが想像を絶する速さであることを、表 4.1 を見て実感していただきたい。なお、幾多の科学・技術的発展によって、現在、真空中の光速 c は

$$c = 2.99868 \times 10^8 \quad [\text{m/s}]$$

と求められている。

光	300,000
地球の公転	30
アポロ宇宙船	11
超音速飛行機	0.78（マッハ 2.3）
新幹線「のぞみ」	0.08（時速 300km）
投手の最速球	0.04（時速 155km）
最速人間	0.01（100m 9.8 秒）

表 4.1　速さの比較（単位：km/ 秒）

　地球から 230 万光年（1 光年は光が 1 年間に進む距離で約 10 兆 km）かなたにあるといわれるアンドロメダ星雲の写真を見たことがあるだろう。地球から 230 万光年離れているということは、地球で観察するのは 230 万年前の姿ということである。アンドロメダ星雲を発した光が地球に届くまでに 230 万年かかるからである。いまのいま、アンドロメダ星雲が実在するかどうかは、地球から観測する限り 230 万年後でないとわからない。
　同様に、われわれが見る太陽も約 8 分 20 秒前の姿である。いまのいま、太陽が実在するかどうかは、地球から観測する限り約 8 分 20 秒後でないとわからない。
　最近、100 数十億光年先の宇宙の様子を示すハッブル望遠鏡の映像が新聞や雑誌に掲載されることがしばしばあるが、そこに写っているのは 100 数十億年前の過去の宇宙の姿である。われわれは、地球が誕生した 46 億

年前、地球に生命が誕生した 40 億年前よりはるか大昔の過去を見ていることになる。雄大で、胸がわくわくするような話ではないだろうか。

われわれが日常的に見ている物体も、じつは、いまのいま、現在の物体の姿ではない。ほんのわずかながら過去の物体の姿である。われわれは、光を通して物体を見る限り、その物体のいまの姿を見るのは、原理的に不可能である。われわれが、自分の目で見るのはすべて"過去の姿"である。たとえば、大きな劇場で演劇などを観る場合、前の座席と後の座席で見える舞台はわずかながら（もちろん、果てしなくゼロに近いが）時間的にずれているのである。

光とは何か

いま、光は真空中でも、秒速およそ 30 万 km という想像を絶する速さで伝播するモノであることがわかったが、光とは、そもそも何なのだろうか。

本章の冒頭で述べたように、じつは「光の本質は何か」という物理的質問に答えるのは容易なことではないのである。事実、物理学史上名だたる天才たちが「光の本質」を求めて格闘してきたのである。

太陽光の"中味"を最初に明らかにしたのはニュートンである（『光と色についての新理論』1672 年）。ニュートンは、図 4.2 に示すように、まず、小さな穴を通したスポット状の太陽光をガラスのプリズム①に導き入れた。そうすると、スクリーン上にいわゆる"虹の 7 色"の光の帯（スペクトル）が現われた。振れ角は赤、橙、……紫の順に大きくなった。続いて、その中の一つの色の光、たとえば赤色光だけをスリットで選び出してプリズム②に通すと、プリズム①の場合と同じ振れ角で曲がり、スクリーン上に現われたのは赤色のみで、プリズム①の場合のようなスペクトルは現われなかった。

この実験結果から、「太陽光は屈折性（振れ角）の異なるさまざまな光線から成り、各光線はそれぞれの色を持っている」という結論が導かれ、ニ

ュートンはその光の"源"を"発火物質から放出される微小な粒子"と考えたのである。"粒子"は"物質を構成する微細な粒"のことであるから、光は"物質の一種"ということになる。これが**光の粒子説**とよばれるものである。このニュートンの粒子説は"近代化学の祖"といわれるフランスのラヴォアジェ（1743-94）にも支持された。

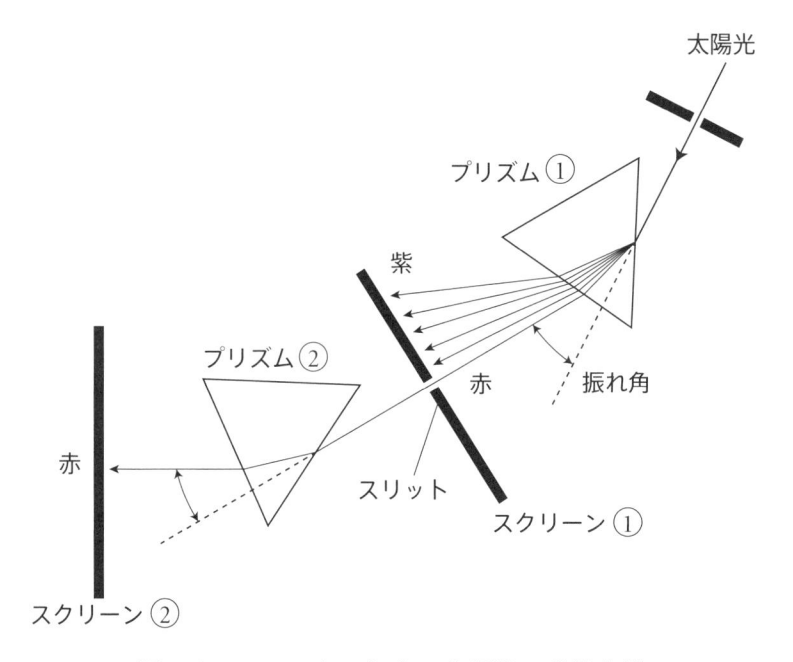

図 4.2　ニュートンによる太陽光の分光実験

　ところが、1801年、イギリスのヤング（1772-1829）が、実験によって光の粒子説を見事に否定したのである。
　ヤングは図4.3に示すように、近接した2個のスリットA、B（ダブルスリット）に光を当て、スクリーンに何が映るか調べた。
　もし、光が粒子であるならば、図4.4に示すように、スリットA、Bを通過した粒子のみがスクリーンに達するから、影絵の場合と同様、(b)のように2本の明線がスクリーン上に現われるはずである。

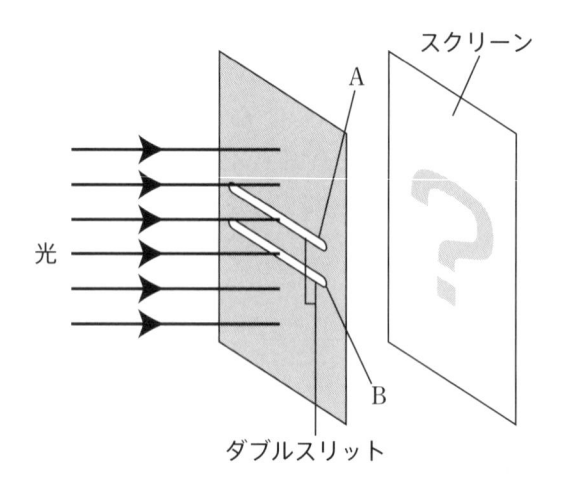

図 4.3　ヤングのダブルスリットの実験

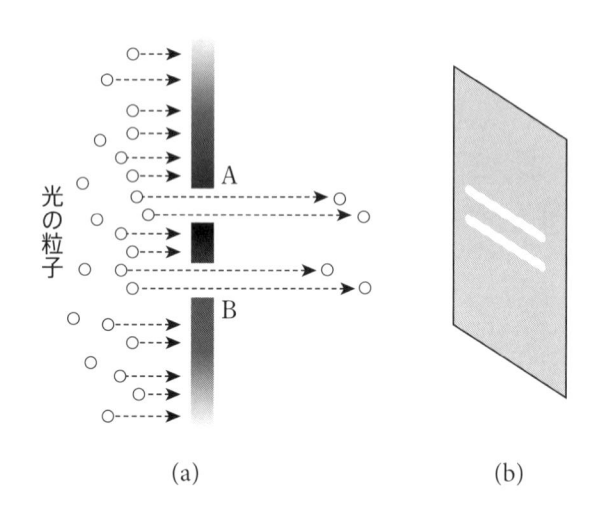

図 4.4　光が粒子だとすれば

ところが、スクリーン上に現われたのは図3.55に示した明暗の縞だった。この明暗の縞は、まぎれもなく、波ならではの、つまり粒子ではあり得ない現象である干渉によって生じた干渉縞であり、干渉縞の出現は、光の粒子説を断固否定するものである。「光とは何か」という問いに対する一つの答は、すでに前章で述べたように「光とは波である」といって間違いない。

　しかし、「波は振動が伝わる現象」であり、振動が伝わるためには媒質（物質）が必要である。それにもかかわらず、光は何もないはずの真空中を伝わるのである。これは明らかに物理的矛盾である。つまり、「光とは波である」という物理的事実を考慮すれば、何もないはずの真空中には、媒質となる何かが存在しなければならない。

　そこで、宇宙空間には**エーテル**とよばれる架空の物質が満たされていると考えざるを得なくなった。実際には、そんな物質を確認できた者は誰一人いないのであるが、それを考えないと話が進まなかったのである。ちなみに、この「エーテル」は酸素、炭素、水素からなる有機化合物のエーテルとはまったく別物で、古代ギリシャのアリストテレスが、宇宙を満たすと考えた元素の名前から借用したものである。

　いずれにせよ、干渉現象を示す光が波であることはまぎれもない事実である。

　ところが、1887年にヘルツ（1857 - 94）によって、ある種の光を金属に照射すると電子（光電子）が飛び出すという**光電効果**とよばれる現象が発見された。この光電効果は、光が"波"だとするとどうしても説明できない現象である。結論を先にいえば、1905年に、光が粒子としての性質も持つことがアインシュタインによって明らかにされるのであるが、これは「光は波長（振動数）に依存するエネルギーを持つ粒子（光子）でもある」ということだった。つまり、光のエネルギー E の大きさは振動数 ν（いままでの本書の記述によれば f）に比例（波長 λ に反比例）し

$$E = h\nu = hf = h\left(\frac{c}{\lambda}\right) \qquad (4.1)$$

である。ここで h は**プランク定数**とよばれる定数である。

つまり、「光の粒子説」が再び日の目を見ることになったのではあるが、この"エネルギーを持つ粒子"はニュートンが述べた"粒子"とはまったく別ものである。

結局、「光とは何か」に対する答は「波動性と粒子性をあわせ持つモノ」となるのである。波動性の絶対的証拠は干渉を起こすことであり、粒子性の絶対的証拠は光電効果を示すことである。ここであえて"モノ"と記すのは、"物（物質、物体）"と区別するためである。

光の粒子性は「量子物理学」の根幹に関係することであり、別刊『社会人のための物理学Ⅲ　現代物理学』で詳述することにしたい。

本書（「古典物理学」）が扱うのは波としての光である。

したがって、前章で述べた「波動現象」はすべて光にも当てはまるのである。

電磁波

これから述べるのは、一見、光とは関係がなさそうな電気と磁気の話である。「電気と磁気」については第5章で詳述するが、じつは、"電気"も"磁気"も光と同様に身近な存在であるにもかかわらず、その実体を理解するのは容易なことではなく、それらを扱う「電磁気学」は1冊の本でもなかなか説明しきれない難解な内容を含むのである。本項では光の話の延長としてさらりと通り過ぎることにしたい。

電気力が作用する空間を**電場**、磁力が作用する空間を**磁場**とよぶが、これらの間には「電場の変化は磁場を作り、磁場の変化は電場を作る」という**電磁相互作用**がある。この電磁相互作用から図4.5に示すような**電磁**

波とよばれる波が生まれる。電気力の強さ、磁気力の強さ、そして進行方向を示す軸は互いに直行する。つまり、電磁波は典型的な横波（112ページ参照）である。しかし、この電磁波が他の一般的な波と比べて特異なのは、電磁波が伝わるのは"場"とよばれる空間であって、媒質を必要としないことである。ここで、勘のよい読者は光との共通性に思い当たるだろう。

じつは、電磁波は光と同じように媒質を必要としないだけでなく、その速さが光速とぴったり同じ秒速30万kmであることが理論的、実験的に確かめられているのである。

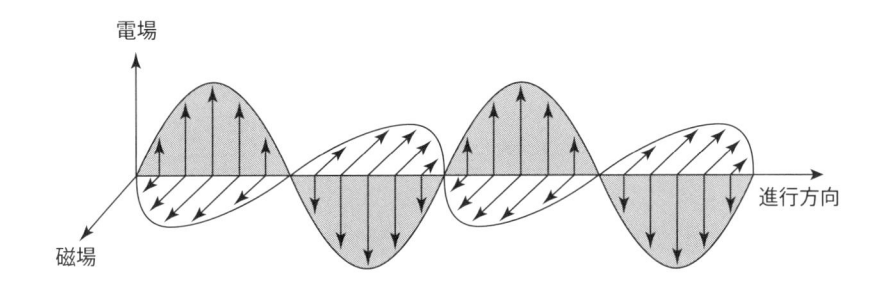

図4.5　電場と磁場の相互作用で生まれる電磁波

これは偶然の一致ではない。さまざまな角度から、光と電磁波の性質を比較し、最終的に「光は電磁波の一種」という結論に達したのである。

現在、さまざまな波長の電磁波が知られている。波長が異なると、波としての性質、具体的には物理的性質が著しく異なる。そこで、図4.6に示すように、波長によってさまざまな名称でよばれる電磁波がさまざまな用途に使われている。なお、図中上に示す波形は概念的なもので、実際の波長を反映していない。光は電磁波にほかならないのであるが、一般的な"光"は、狭義に、われわれの目に見える**可視光**のことである。

109ページで述べたように、振動数（周波数）には"Hz（ヘルツ）"とい

う単位が用いられるが、これはマクスウエル（1831-79）によって予言された電磁波を実証したヘルツ（1857-94）の名前にちなんだものである。

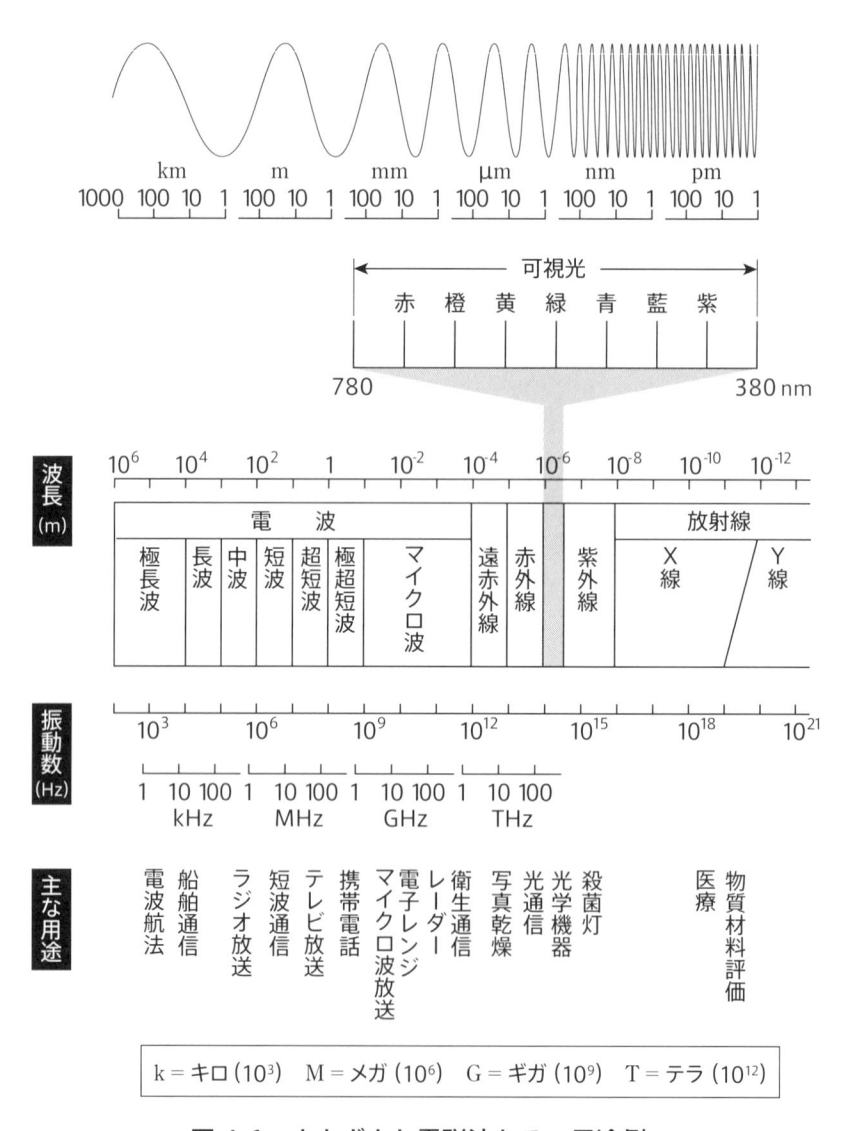

図 4.6　さまざまな電磁波とその用途例

4.2 幾何光学

凸レンズと凹レンズ ....

　光の屈折を利用して、光を集めたり拡げたりするものをレンズとよぶ。レンズの材料はガラスやプラスチックなどの透明体である。図4.7に示すように、中心部が周辺より厚いものが凸レンズ、逆に薄いものが凹レンズで、それぞれ形状が異なる3種がある。レンズの中心を通り、レンズの曲面（あるいは平面）に垂直な直線を**光軸**とよぶ。図3.48の説明からも明らかなように、光軸に沿ってレンズに入射した光は屈折せずに直進する。

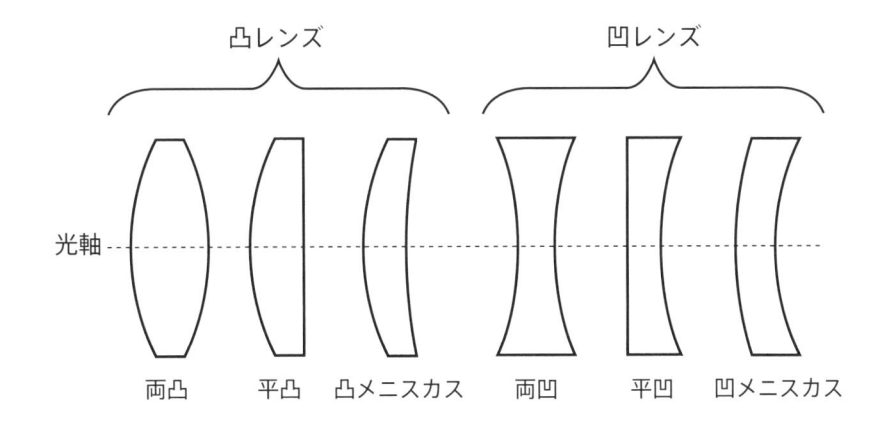

図 4.7　凸レンズと凹レンズ

　図3.43で、ホイヘンスの原理に基づき平面波を1本の矢印で代表させたが、同様に、光が進んでいくようすを"光線"として線で表わす。
　以下、凸レンズ、凹レンズについて、光線の屈折について考える。図4.7の両凸レンズ、両凹レンズについて述べるが、他の凸レンズ、凹レン

ズについても同様に扱えることはいうまでもない。

　図 4.8(a) のように、光線が凸レンズの点 A や点 B に入射すると、光線は屈折してレンズ内を直進し、点 A' や点 B' で再び屈折してレンズ外に出ていくのであるが、便宜上、図 4.8(b) のようにレンズの中心線で 1 回だけ屈折するとして描くことにする。凹レンズについても同様である。

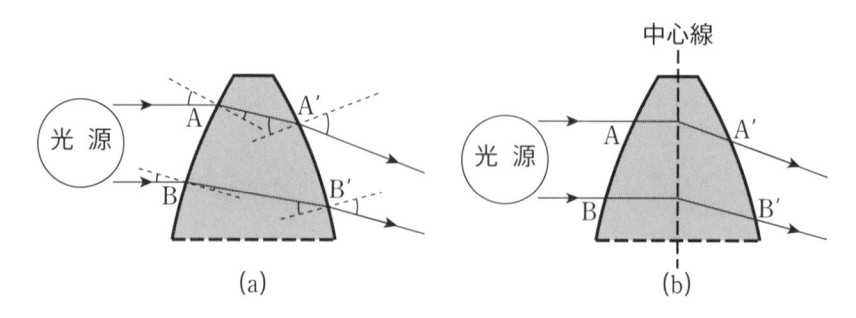

図 4.8　凸レンズによる光線の屈折

レンズの焦点

　図 4.9(a) のように、凸レンズの正面に左側から平行光線を当てると、外側ほど入射角が大きいため屈折角も大きくなり、すべての光線は右側光軸上の 1 点 F に集まる。この光線が集まる点を**焦点**とよび、レンズの中心点を O としたとき、$OF = f$ を**焦点距離**という。図 4.9(a) で、逆に、右側の焦点 F を光源とする光線は凸レンズで屈折し平行光線となって左側へ出ていく。

　凹レンズの場合、図 4.9(b) に示すように、左側から光軸に平行な光線が入射すると、凸レンズの場合とは逆に外側ほど入射角が大きいため屈折角も大きくなり、あたかも、光が F から拡がってきたかのように右側に出ていく。このような点 F を凹レンズの焦点とよぶ。凸レンズの場合と

同様に、レンズの右側から左側の焦点 F に集まるように入射した光線は平行光線として左側に出ていく。

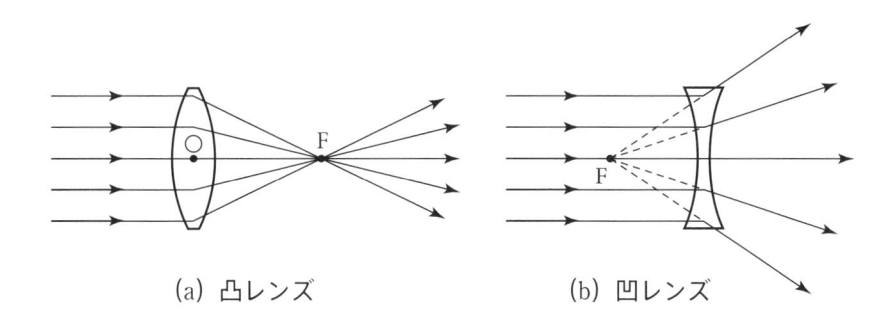

(a) 凸レンズ　　(b) 凹レンズ

図 4.9　レンズの焦点

凸レンズによる像

　図 4.10 のように、凸レンズの左側に焦点距離 f より遠い距離 a の光軸上の点 P に物体 PQ を置く。光軸上の物体の点 P から出た光は上述のように光軸上を直進するが、物体の点 Q から出た光軸に平行な光はレンズの点 A で屈折し焦点 F' を通って右側の距離 b の点 Q' に向かう。点 Q から焦点 F を通った光は光はレンズの点 B で屈折し光軸に平行に点 Q' に向かう。また、点 Q から出た光のうちレンズの中心 O を通るものはそのまま直進する。同様に物体 PQ のすべての点から出た光は距離 b の点に集まり像 P'Q' を作り、この位置にスクリーンを置けば物体 PQ の像 P'Q' が映る。このように、光線が集まってできる像のことを**実像**（倒立実像）とよぶ。

　図 4.10 において、△PQO と △P'Q'O は直角三角形で ∠POQ = ∠P'OQ' なので互いに相似となり

$$\frac{b}{a} = \frac{P'Q'}{PQ} \tag{4.2}$$

である。また、同様に△OAF'と△P'Q'F'も相似となり

$$\frac{b-f}{f} = \frac{P'Q'}{PQ} \tag{4.3}$$

が成り立つので

$$\frac{b}{a} = \frac{b-f}{f} \tag{4.4}$$

が得られ、この式を変形すると

$$\frac{1}{a} + \frac{1}{b} = \frac{1}{f} \tag{4.5}$$

の関係が得られる。
　ここで物体の大きさと実像の大きさの比をMとすると式（4.3）、（4.4）より

$$M = \frac{P'Q'}{PQ} = \frac{b}{a} \tag{4.6}$$

が得られ、このMをレンズの倍率とよぶ。
　図4.10で物体PQを焦点Fの位置に置くと、物体から出るすべての光はレンズを通って光軸に平行な光線となるので像は得られない（図4.9(a)

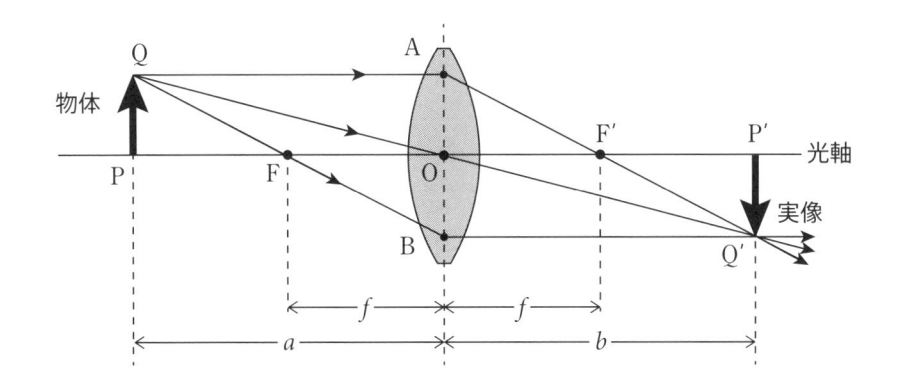

図 4.10　凸レンズによる実像

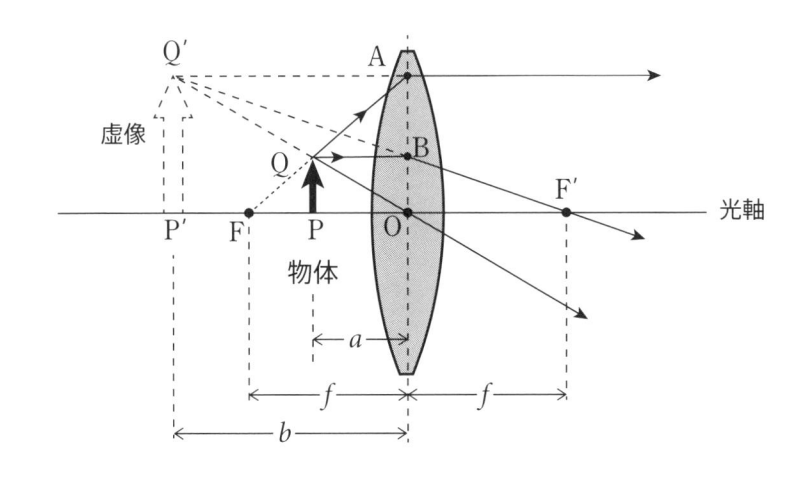

図 4.11　凸レンズによる虚像

参照)。

　物体をさらにレンズに近づけて図 4.11 に示されるように焦点 F の内側に置くと、Q を出た光軸に平行な光はレンズの点 B で屈折し右側の焦

点 F' を通る。また、左側の焦点 F と Q を結ぶ延長線を進む光はレンズの点 A で屈折し光軸と平行に進む。そして、OQ と F'B の延長線は点 Q' で交わる。この結果、物体 PQ があたかも P'Q' にあるような像が得られる。このような像を**虚像**（正立虚像）とよぶ。虚像は実際に光線が集まって得られる像ではないので、この位置にスクリーンを置いても像は映らない。

ここで、△F'OB と △F'P'Q' は共通な角を持つ直角三角形で相似なので

$$\frac{f+b}{f} = \frac{P'Q'}{PQ} \tag{4.7}$$

となる。また、同様に△OPQ と △OP'Q' も相似なので

$$\frac{b}{a} = \frac{P'Q'}{PQ} \tag{4.8}$$

であり

$$\frac{b}{a} = \frac{b+f}{f} \tag{4.9}$$

が得られ、この式を変形すると

$$\frac{1}{a} - \frac{1}{b} = \frac{1}{f} \tag{4.10}$$

の関係が得られる。

物体に対する虚像の倍率 M は

$$M = \frac{b}{a} \tag{4.11}$$

で、$b > a$ なので $M > 1$ である。つまり、正立虚像の大きさは実際の物体の大きさよりも大きくなる。虫めがねやルーペで物体の拡大像が見られるのはこのためである。

顕微鏡の原理..

いま虫めがねやルーペで物体の拡大像が見られることがわかったが、顕微鏡は2つの凸レンズを組み合わせて虫めがねやルーペ以上の拡大像を得る装置である。

顕微鏡では図 4.12（通常、顕微鏡のレンズの配置は縦であるが、図 4.10、11 の説明に合わせて横に描く）に示すように、観察する物体（試料）PQ を対物レンズの焦点 F_o の少し外側に置いて、まず倒立実像の1次像（拡大像）P'Q' を作る。次に、この1次像 P'Q' が接眼レンズの左側焦点 F_e より接眼レンズ側にくるように接眼レンズの位置を調節し、接眼レンズによってさらに拡大された正立虚像 P''Q'' を観察する。

接眼レンズ、対物レンズの倍率をそれぞれ M_e、M_o、焦点距離を f_e、f_o とすれば（式（4.6）、（4.11）参照）、顕微鏡の倍率 M_m は

$$M_m = M_e M_o \fallingdotseq \frac{L}{f_o} \cdot \frac{N}{f_e} \tag{4.12}$$

となる。図 4.12 の中の明視距離 N は眼を疲労させず物体を明視できる距離で一般的に正常眼では約 25 cm である。

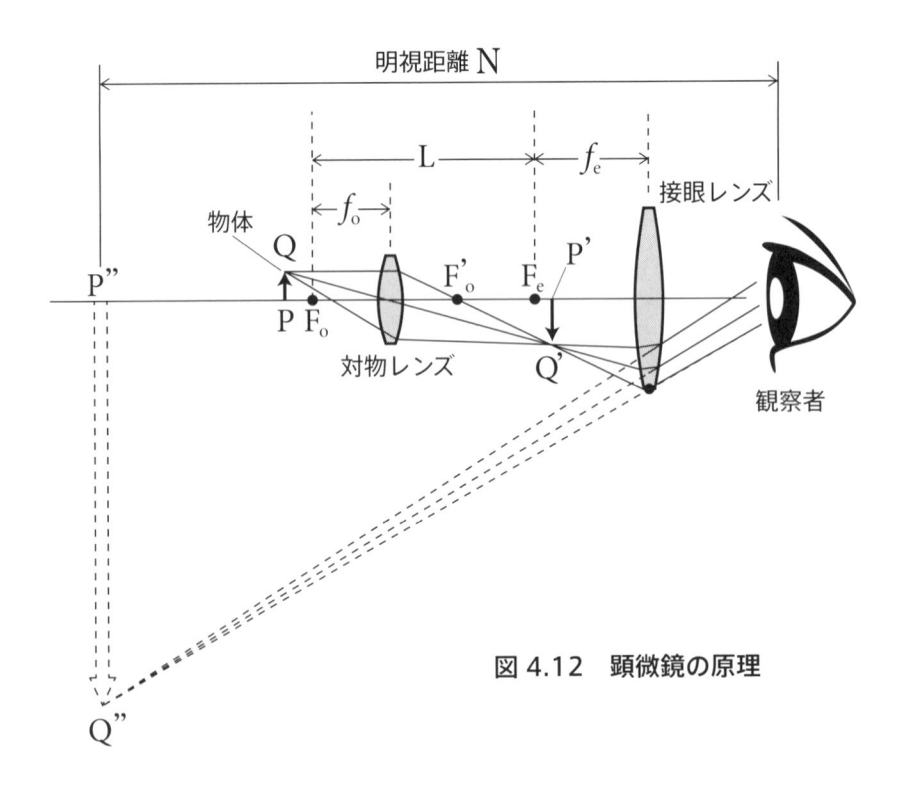

凹レンズによる像

　図4.13のように、焦点距離がfの凹レンズの左側にレンズの中心から距離aの光軸上の点Pに物体PQを置く。図4.9(b)に示したように、点Qから出た光軸に平行な光はレンズの点Aで屈折し、あたかも光がある焦点Fから出た光のように右側に出ていく。焦点F'に向かう光はレンズの点Bで屈折し光軸に平行に進む。また、点Qから出た光のうちレンズの中心Oを通るものはそのまま直進する。これらの光線はあたかも点Q'から出たように進んでいるので、P'Q'としてOから距離bの位置に虚像があるように見える。

図4.12　顕微鏡の原理

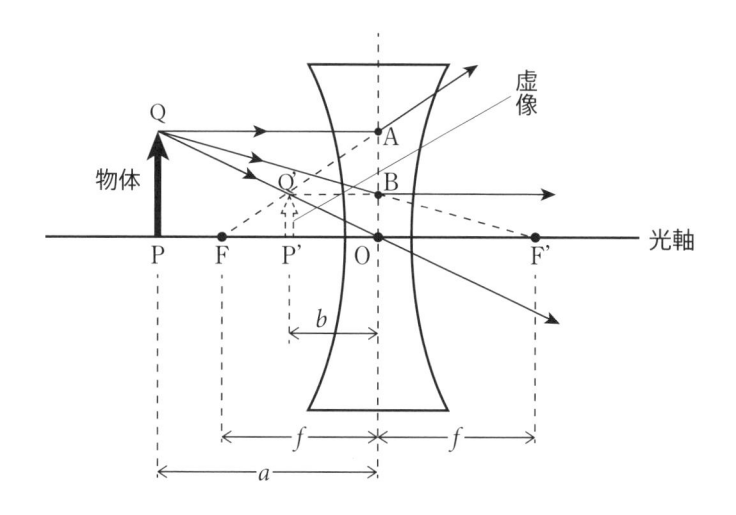

図 4.13　凹レンズによる虚像

図 4.13 において、△F'PQ と △F'OB は共通な角を持つ相似の直角三角形なので

$$\frac{f}{a+f} = \frac{P'Q'}{PQ} \tag{4.13}$$

が成り立ち、また、同様に △OPQ と △OP'Q' も相似となり

$$\frac{b}{a} = \frac{P'Q'}{PQ} \tag{4.14}$$

となるので

$$\frac{f}{a+f} = \frac{b}{a} \tag{4.15}$$

が得られ、この式を変形すると

$$\frac{1}{a} - \frac{1}{b} = -\frac{1}{f} \tag{4.16}$$

の関係が得られる。

物体に対する虚像の倍率 M は

$$M = \frac{b}{a} \tag{4.11}$$

となり、式（4.16）で $f > 0$ だから $a > b$ となり $M < 1$ である。凹レンズの場合、このように、物体の位置に関係なく常に $M < 1$ の正立虚像になることを確かめていただきたい。

めがねによる視力の矯正

　眼球には水晶体とよばれる凸レンズがあり、その奥に物体の実像が映る網膜（スクリーン）がある。健康な眼の場合、見ようとする物体までの距離が変わると、水晶体の周囲にある毛様体（筋）が水晶体の厚さ、つまり焦点距離を調節し、図4.14に示すように物体の像は網膜上に正しく映る。
　しかし、近視眼あるいは遠視眼では毛様体が水晶体の厚さつまり焦点距離をきちんと調節することができず、近視眼では、図4.15(a)に示すように物体の像が網膜の前に、遠視眼では、図4.15(b)に示すように物体の像が網膜の後に生じてしまう。そこで、それぞれ図4.16(a)、(b)に示すように、近視に対しては凹レンズの、遠視に対しては凸レンズのめがねを用いて、物体の像が網膜上に正しく映るように焦点の位置を調節する。

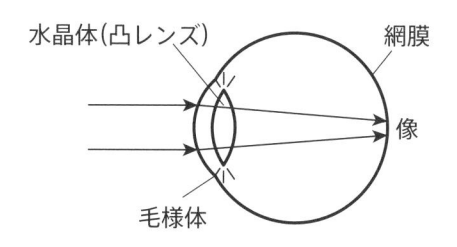

図 4.14　健康な眼

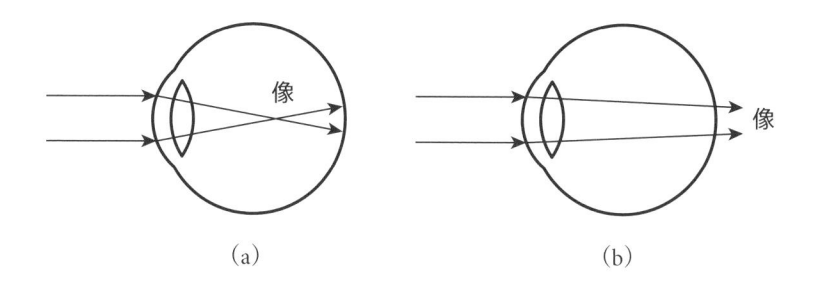

図 4.15　近視眼(a)と遠視眼(b)

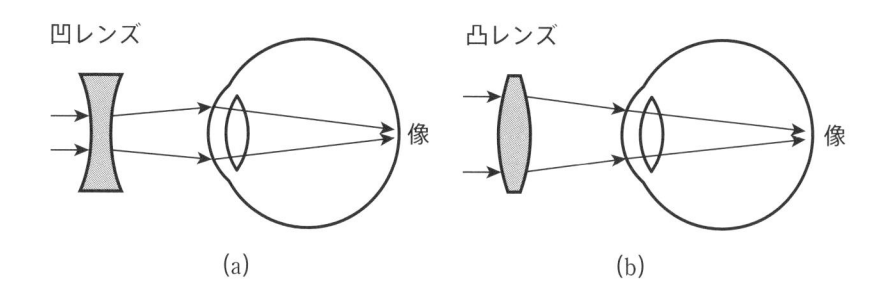

図 4.16　めがねによる近視(a)と遠視(b)の矯正

球面鏡

　光の反射を利用して容姿や物体の像などを見る道具が鏡である。図3.43、3.44では鏡面が平滑な平面鏡を扱ったのであるが、ここでは鏡面が球面である球面鏡について述べる。球面鏡は上述のレンズと同様の現象を示すのである。以下、レンズによる屈折を球面鏡による反射に置き換えて考えるとわかりやすい。

　球面鏡には球面の内側が反射面になっている凹面鏡と外側が反射面になっている凸面鏡がある。

　凹面鏡も凸面鏡も、鏡面に無数の小さな平面鏡が貼り付けられたものと考えればよい。

凹面鏡による反射と像

　凹面鏡による光の反射は、鏡面上で図3.43に示される反射が無数に行なわれると考えればよい。

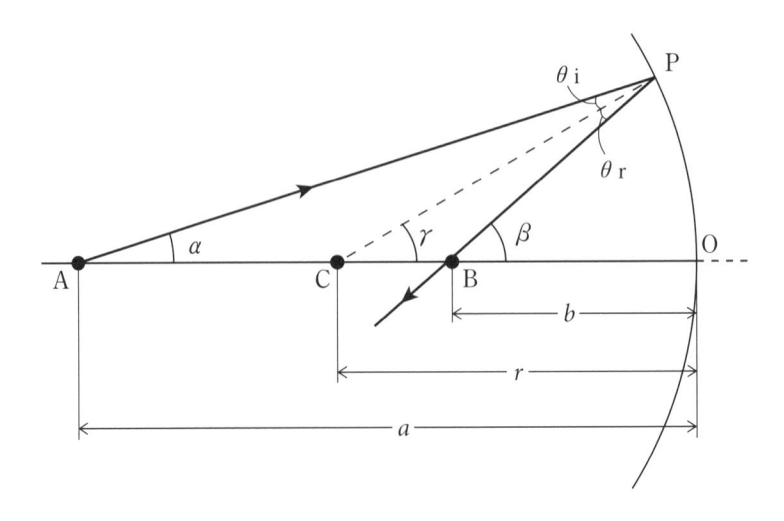

図4.17　凹面鏡による反射

いま、図 4.17 に示すように、点 A から出た光が凹面鏡の点 P で反射し、光軸 OA 上の点 B を通るとする。点 C は球面の中心である。図 3.43 に示したように、入射角 θ_i は反射角 θ_r に等しいのでこの角を θ とする。入射光、反射光、球面の半径 CP が光軸となす角をそれぞれ α、β、γ とすると

$$\alpha + \theta = \gamma 、\quad \gamma + \theta = \beta \tag{4.17}$$

が成り立つので、両式から θ を消去すると

$$\alpha + \beta = 2\gamma \tag{4.18}$$

が得られる。

ここで AO = a、BO = b、CO = r とすると、鏡面 OP $\ll a$ のとき

$$\alpha \fallingdotseq \frac{\mathrm{OP}}{a}, \quad \beta \fallingdotseq \frac{\mathrm{OP}}{b}, \quad \gamma \fallingdotseq \frac{\mathrm{OP}}{r} \tag{4.19}$$

となり、式（4.19）を式（4.18）に代入すると

$$\frac{1}{a} + \frac{1}{b} = \frac{2}{r} \tag{4.20}$$

が得られる。

図 4.18 に示すように、平行光線を凹面鏡に当てると、反射光線はすべて 1 点 F に集まる。このような点をレンズの場合と同様に焦点とよぶ。図 4.9(a) に示した凸レンズの場合と同様に、焦点 F を通って入射する光線

は反射後、光軸に平行に進む。また、球面の中心 C を通る光線は反射後も同じ経路を逆進する。

　野外などでの調理に使われる集光加熱調理器は凹面鏡の焦点を利用したものである。焦点 F の位置に調理鍋などを置けば太陽光を 1 点に集めて加熱調理が可能である。直径 10 m の集光鏡を用いた太陽炉の焦点の温度は 4000°C にも達するといわれている。また、耳鼻咽喉科の医師らが用いる額帯鏡は凹面鏡でできており、診察室の照明を焦点に集め患部を明るく照らすための道具である。電波望遠鏡、パラボラアンテナも、遠方から届く電磁波（図 4.5、4.6 参照）を"凹面鏡"の焦点に集める構造になっている。

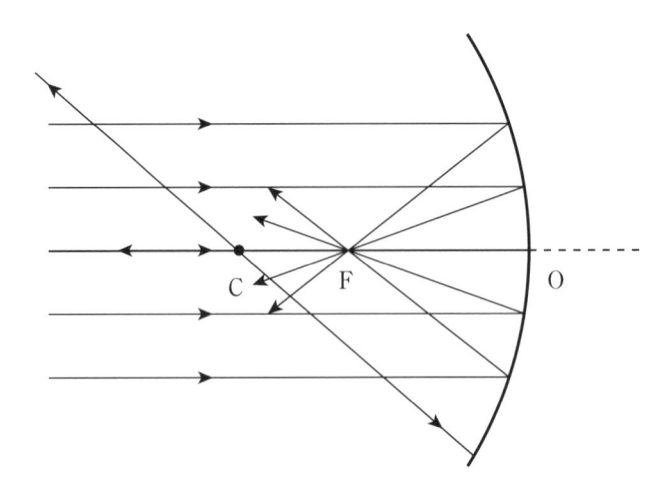

図 4.18　凹面鏡の焦点

　図 4.17 で光源の点 A が太陽のように遠方にある場合、実質的に a は ∞ になるので式（4.20）は

$$\frac{1}{b} = \frac{2}{r} \tag{4.21}$$

となり、反射光線は $b = \dfrac{r}{2}$ の位置に集まる。したがって、$f = \dfrac{r}{2}$ となり式（4.20）は

$$\frac{1}{a} + \frac{1}{b} = \frac{1}{f} \tag{4.5}$$

となる。

　焦点への集光とは逆に凹面鏡の焦点に光源を置けば、図4.18に示される光路とは逆に反射光線は平行光線となって出ていく。これを利用したのが懐中電灯や自動車のヘッドライトなどである。

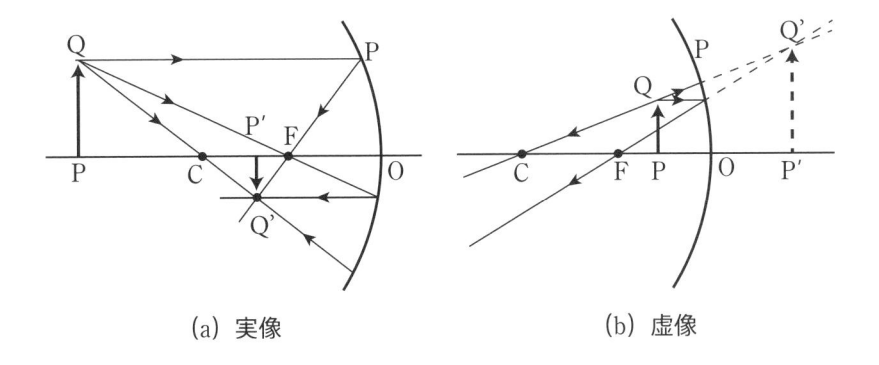

(a) 実像　　　　　　(b) 虚像

図 4.19　凹面鏡による像

図4.19(a)のように物体PQを焦点Fの外側に置くと、倒立の実像ができる。また、図4.19(b)のように物体PQを焦点Fの内側に置くと、正立の

虚像ができる。OからQとQ'に線を引くと、△OPQと△OP'Q'は互いに相似の3角形で、いずれの場合も倍率MはOP = a、OP' = bとすれば

$$M = \frac{P'Q'}{PQ} = \frac{OP'}{OP} = \frac{b}{a} \qquad (4.22)$$

となる。

凸面鏡による反射と像

凸面鏡による光の反射も、鏡面上で図3.43に示される反射が無数に行なわれると考えればよい。

図4.20に示すように、点Aから出た入射角θ_iの光が凸面鏡の点Pで反射すると反射角θ_rであるが、この反射光線はあたかも鏡面の裏側の点Bから出たように見える。凹面鏡による反射の場合も、式(4.5)が成り立つが、bおよびrをそれぞれ$-b$、$-r$と置き換える必要がある。つまり

$$\frac{1}{a} - \frac{1}{b} = -\frac{1}{f} \qquad (4.23)$$

である。

図4.21に示すように、平行光線を凸面鏡に当てると、反射光線はすべて、あたかも鏡面の裏側にある1点Fから出たように見える。このような点Fを凸面鏡の焦点とよぶ。焦点Fに向かって入射する光線は反射後、光軸に平行に進む。また、球面の中心Cに向かう光線は反射後も同じ経路を逆進する。

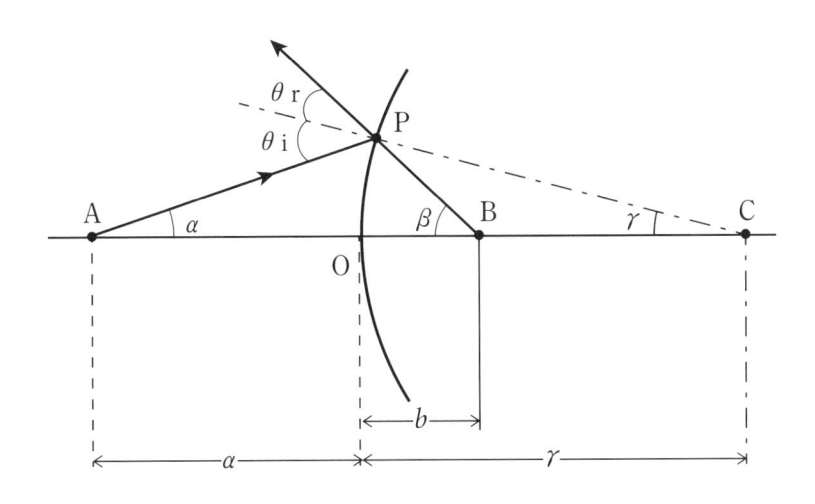

図 4.20　凸面鏡による反射

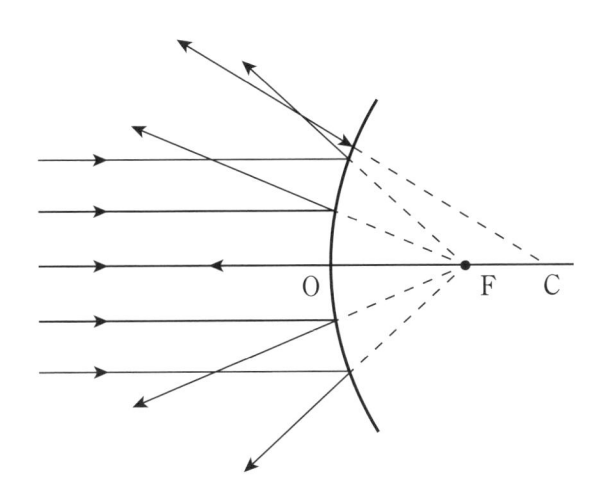

図 4.21　凸面鏡の焦点

凸面鏡の前に物体 PQ を置くと図 4.22 に示すような像が生じるが、その像は物体の位置（a）に関係なく $M = \dfrac{P'Q'}{PQ} < 1$ の正立虚像になる。平面鏡でも同様の正立虚像が生じるが、図 4.23 に示すように、凸面鏡では平面鏡に比べ広い視野の像が得られる。このことを利用したのがバックミラーやカーブミラーである。

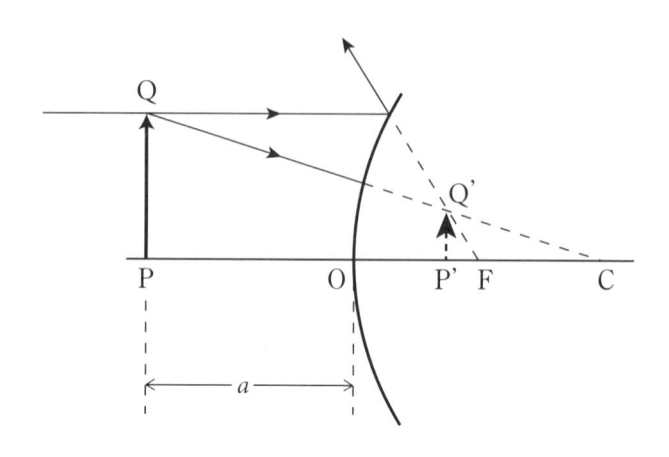

図 4.22　凸面鏡による像

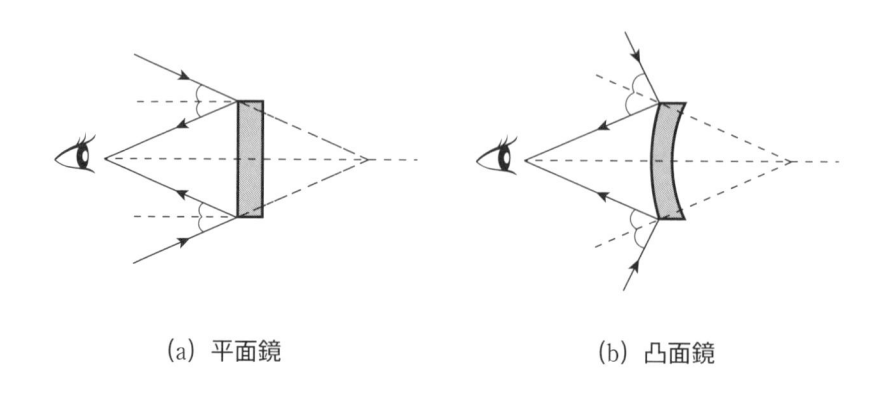

(a) 平面鏡　　　　　　　　(b) 凸面鏡

図 4.23　平面鏡と凸面鏡の視野の比較

4.3 色

光と色

われわれにとって、光と色とは不可分の関係にある。

図 4.6 に示したように、われわれの周囲を飛び交う広範囲の電磁波の中で、われわれに"見える"のは極めて狭い領域（$\lambda \fallingdotseq 380 \sim 780\,\mathrm{nm}$）の"可視光"である。可視光はわれわれに"見える"光であると同時に、それぞれの色でもある。われわれに、物が"見える"ということは、光（電磁波）が網膜に達し、それが視神経を刺激し、その刺激を脳が認識するからである。可視光の波長領域がおよそ $380 \sim 780\,\mathrm{nm}$ ということは、式 (4.1) で求められる、その波長、あるいは振動数（周波数）に相当するエネルギーだけが視神経を刺激するということである。

網膜の感覚細胞には棒細胞と円錐細胞の 2 種類があり、色覚としては、特に円錐細胞の役割が大きいと考えられている。その円錐細胞には、赤、緑、青の光に感じる 3 種類があり、それらの刺激がさまざまな強さで混ざりあった結果が、それぞれの色として脳で認識されると考えられている。この赤、緑、青は、**光の 3 原色**（相加的 3 原色）とよばれる。

光のスペクトルと虹

太陽光線を三角柱状のガラス製プリズムに通すと、美しい虹色の帯（**スペクトル**）が現われることは誰でも知っているだろう。このように、プリズムを通して光をスペクトルに分けることを**分光**というが、前述（図 4.2）のように、この実験を世界で最初に行なったのはニュートンである。

分光は波長によって**屈折角**（振れ角）が異なるために起こる現象である。波長が短い波ほど屈折角が大きい、あるいは散乱されやすいのである。

太陽光は赤から紫までの無数の可視光などから成る光束であり、無数の

色が合わさった太陽光は"色を持たない"ということから**白色光**とよばれる（"白"自体も"色"なので、私は"白色光"よりも"無色光"の方が正しいと思うが）。

雨上がりの後、太陽が輝くと、美しい半円形のスペクトルつまり虹が現われることがある。また、夏の日、庭にホースで水を撒いている時にも小さな虹を見ることがある。

誰も知っている虹ではあるが、じつは、その虹ができるメカニズムは簡単ではない。虹は図4.2に示したプリズムによって生じる光のスペクトルと同じ色のスペクトルなので"似たようなもの"ではあるが、両者のスペクトルができる（見られる）位置関係を考えればかなり異なることがわかるだろう。虹ができるメカニズムを図4.2で得た知識をベースにして考えてみよう。

虹は空中に無数の水滴があり、太陽を背にした時に見える。この二つが満たされない限り、虹を見ることができないから、虹に水滴と太陽光が深く関わっていることは確かである。虹は3次元空間に拡がる無数の水滴一粒一粒が、それぞれプリズムのはたらきをした結果の現象なのである。とはいえ、それで、なぜ空中に美しい半円形のスペクトルが現われるのかを理解するのは簡単なことではない。

虹が半円形になることはさておき、まず、空中に光のスペクトルが帯状に見えるメカニズムについて考えてみよう。

図3.46～48に示した光の屈折のことを思い出し、図4.24に示すように1個の水滴（ガラスのプリズムと異なり球形である）に太陽光線が入射する場合のことを球の断面で考える。光の一部は〈屈折－屈折〉を経て水滴を通過し、一部は〈屈折－反射－屈折〉を経て入射側に出てくる。この時、先述のように、光の波長（色）によって振れ角（屈折率）が異なるから、最も大きく曲がる紫（可視光の中で波長が一番短い）から最も曲がりが小さい赤（可視光の中で波長が一番長い）まで可視光の色のスペクトルに分散する。このような1個の水滴によって生じるスペクトルの中で、観測者に見えるのは一部（究極的には1つ）の色だけである。図4.24には

赤しか見えない場合が描かれているが、見える色が観測者の目あるいは水滴の位置（高さ）に依存することは理解できるだろう。なお、図には、入射光と出射光のなす角度が紫の場合は最小の 40°、赤の場合は最大の 42°と書かれているが、これらの角度はそれぞれの光の波長と水の屈折率によって一義的に決まる値である。

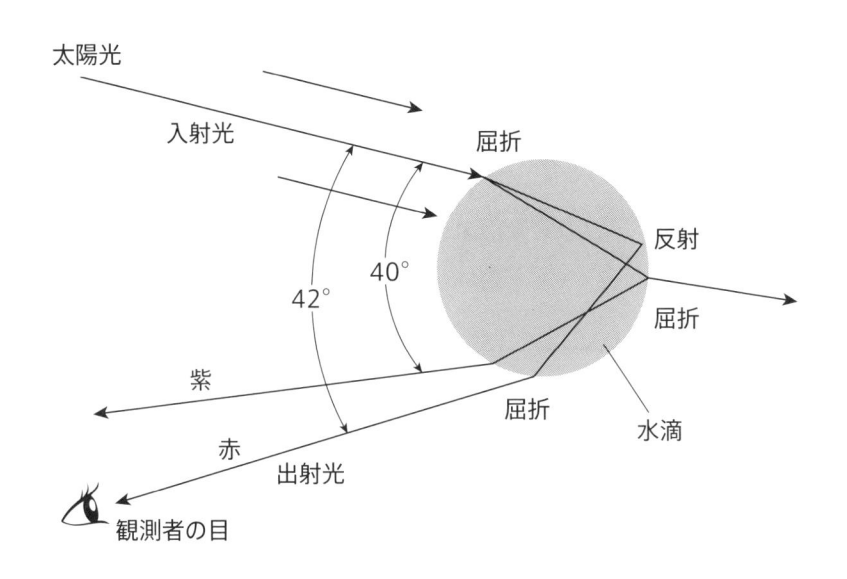

図 4.24　1 個の水滴による太陽光の屈折

　もちろん、空中には無数の水滴が浮遊しているので、観測者には、図 4.25 に示すように、結果的に赤から紫までの色のスペクトルが帯状に見えることになる。
　ところで、"虹の 7 色"というが、虹は赤から紫までの無数の色から成るというのが事実である。
　さて、次は、虹がなぜ半円形になるのか、である。この解明は厄介である。

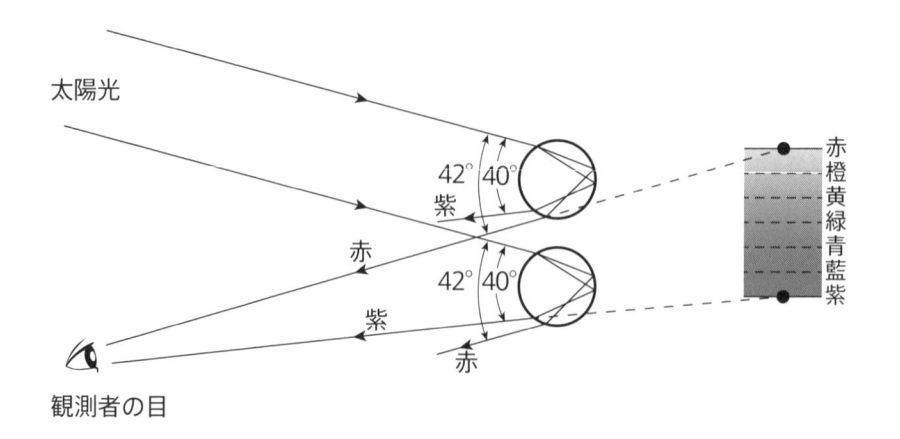

図 4.25 無数の水滴によって形成される色のスペクトル

　一粒の水滴による屈折で赤色の光が観測者に見えるメカニズムは図 4.24 に示した通りだが、今度は図 4.26 で、それを 3 次元空間で立体的に考えてみる。水滴①から 42°の角度で出射した赤色の光は観測者の目に届くが、水滴①' の場合、同じ 42°で出射しても、それは X の方向にいってしまい観測者の目には届かない。しかし、水滴②や③のように太陽光の入射方向に対し"42°の条件"を満たす水滴からの出射光は赤色の光として観測者の目に届くのである。結局、3 次元空間に浮遊する無数の水滴のうち"42°の条件"を満たす無数の水滴は、頂角 84°(= 42°× 2) の円錐の底の円周上にある。ほかの色の出射光の場合も頂角が異なるだけで（たとえば、紫色の場合は 80°= 40°× 2）、事情は同じである。

　したがって、虹は空間的には、頂角の大きな赤を外側に、頂角の小さな紫を内側にした円形のスペクトルとして生じるのである。しかし、そのような虹を地上で観測する場合は、地面より下の部分は見えないので半円状に見えることになる。上空の飛行機からは円形の虹が見えることになるが、実際、私は一度、機上から円形の虹を見たことがある。

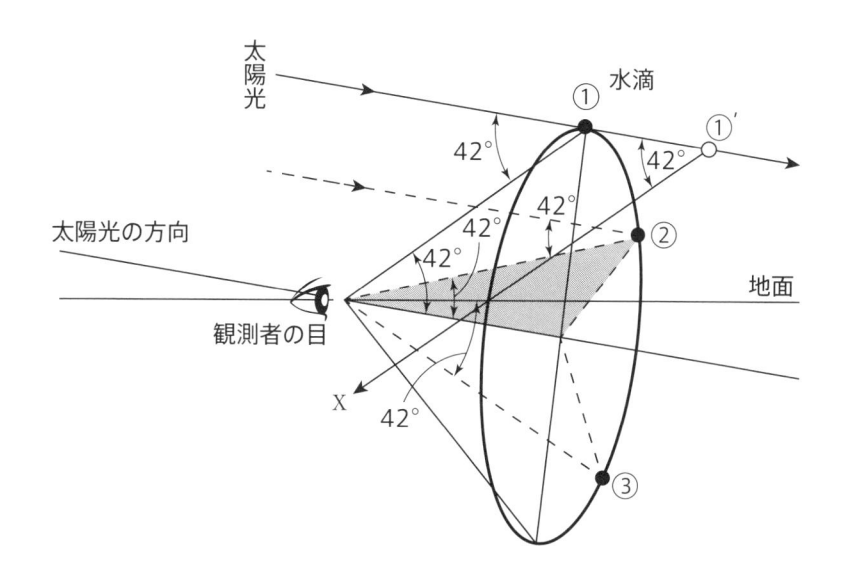

図 4.26　虹の立体的構造

色とは何か

　太陽光によって作られる美しい虹について述べた際、「赤色の光」のような言葉を使ったのであるが、じつは、このいい方は正しくない。"光自体に色はない"からである。

　最近は、宇宙空間に浮かぶ地球の映像を見ることは珍しくないが、図4.27 は 1968 年、初めて有人月周回軌道に乗ったアポロ 8 号が撮影した月面越しの宇宙空間に浮かぶ地球の写真である。地球も月面も右上方からの太陽光に照らし出されているが、その太陽光が走る宇宙空間は無明の闇である。太陽光自体が色を持っているのであれば、宇宙空間にその色が見えるはずである。図 4.27 に示される宇宙空間には太陽光はもとより、さま

ざまな電磁波（図4.6参照）が間違いなく存在しているが、その宇宙空間が真っ暗闇ということは、"光（電磁波）自体に色はない"ということである。

それでは、われわれが見る、あの美しい虹色は何だったのか。

われわれに物体が"見える"ということは、物体から反射された可視光が網膜の感覚細胞、視神経を刺激し、その刺激を大脳が認識するということである、と述べた。可視光以外の電磁波は感覚細胞、視神経を刺激しないので"見えない"のである。"色"についても同じことがいえる。

色というものは、光が目に入り、大脳にその刺激が伝えられた時に生じる"感覚"である。いわば、光は、そのような"感覚"を生じさせるモノであり、そのような"感覚"を生じさせるエネルギーが光である。

図 4.27　月周回軌道から見た月面越しの宇宙空間に浮かぶ地球

（写真提供：NASA／NSSDC）

175ページに、「光は波長（振動数）に依存するエネルギーを持つ粒子（光子）でもある」と述べ、波長 λ の光は

$$E = h\nu = hf = h\left(\frac{c}{\lambda}\right) \qquad (4.1)$$

で表わされるエネルギー E を持つのであった。

　紫（$\lambda = 380\,\mathrm{nm}$）から赤（$\lambda = 780\,\mathrm{nm}$）の光が"可視光"であることを述べたが、これは、人間の感覚細胞、視神経がこの領域のエネルギーの電磁波にのみ反応するということなのであった。

　つまり、式（4.1）から算出される $\lambda = 380\,\mathrm{nm}$ の光のエネルギーは、大脳に"紫という感覚"を生じさせ、$\lambda = 780\,\mathrm{nm}$ の光のエネルギーは、大脳に"赤という感覚"を生じさせるのである。したがって、厳密にいえば、"赤い光"という光はなく、"赤い光"は"赤いという感覚を大脳に生じさせる光"とよばれるべきである。他の色の光についても同様である。

　光に満ちた宇宙空間が真っ暗闇なのは、光自体に色や形がないことのほかに、光を反射し、その反射光を観察者の目に届ける物質が何もないからである。

物に色があるか

　われわれの身の回りにある物にはすべて色がついている。ファッションに限らず、さまざまな物品のデザインにおいて、色は最重要な要素である。しかし、物自体に色があるわけではない。

　たとえば、青いガラスのことを考えてみよう。

　青いガラスはなぜ青く見えるのか。

　図4.28に示すように、青いガラスは、白色光（太陽光）のうち青色光（前述のように、正確には"青いという感覚を大脳に生じさせる光"）のみを通過あるいは反射し、他の光は吸収するという性質を持っているのである。なぜそのような性質を持っているのかといえば、そのガラスがそのような性質の物質でできているからである。さらに、物質のそのような性質

はなぜそのような性質なのかについては物質を構成する元素の構造（電子配置、エネルギー準位）に依存する。

　ともかく、青いガラスが青いのは、そのガラスが青いからではない。そのガラスが青という色を持っているからではない。われわれに青いガラスを青と感じさせるのは、そのガラスが発する"青いという感覚を大脳に生じさせる光"なのである。

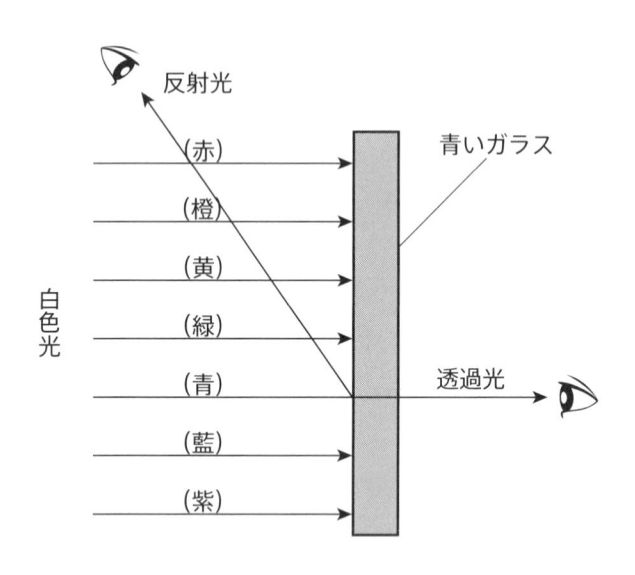

図 4.28　青いガラス

　次に、一般的な"物の色"について考えてみる。

　例として、赤いチューリップの花を思い浮かべていただきたい。葉は緑色である。

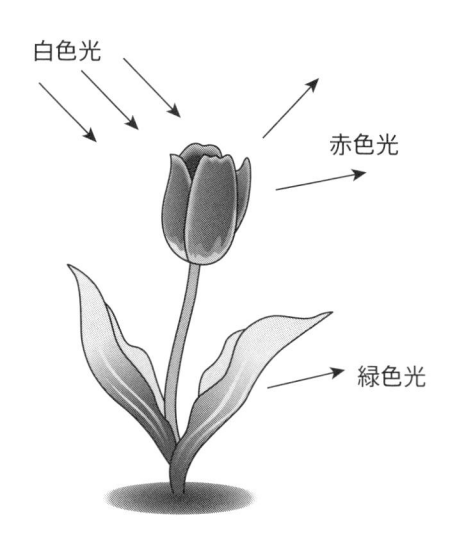

図 4.29　赤い花と緑の葉

　チューリップの花が赤く見えるのは、図 4.29 に示すように、花弁が、照射される白色光のうち赤色光（正確には"赤いという感覚を大脳に生じさせる光"）のみを反射し、他の色の光を吸収してしまうからである。"赤い花"は"われわれに赤く見える花"なのであって、その花自体が赤いわけではない。他の色についても同様である。したがって、同じ物でも、異なる光を照射すれば"見える色"が異なる。たとえば、同じ化粧品でも、太陽光の下と蛍光灯の下では見え方が異なるから、そのことを考慮した化粧品も市販されているのではないか。また、われわれと異なる視神経を持つ生物が見れば、同じ物でも異なる色に見えるはずである。
　どこの動物園でも人気が高いパンダの人気の理由の一つは、白と黒のコントラストが可愛い顔にあるだろう。同じ"毛"でも、白い部分の毛はほとんどすべての白色光を反射する物質を成分に持ち、黒い部分の毛は逆にほとんどすべての白色光を吸収する物質を成分に持っているということである。

物質、より正確には元素によって、吸収、反射する光がなぜ異なるのか、については、物質を構成する原子の構造について知らなければならない。物質、元素、原子については『社会人のための物理学Ⅱ　物質とエネルギー』で詳述する。

　われわれに"色"を感じさせるのは、あくまでも光である。特定の色を感じさせるのは特定の波長、つまり特定のエネルギー（式（4.1））を持った光なのである。

青い空

　晴天の日の昼間の真っ青な空は、われわれを清々しく、快い気持ちにさせてくれる。

　いままでの話から理解できると思うが、晴天の日の昼間の空が青く見えるのは地球上から見た場合のことであって、もちろん、空自体が青に着色されているわけではない。

　晴天の日の昼間つまり太陽光が燦々と照る時、空はなぜ青いのかを考えてみよう。

　173 ページに示した図 4.2 をもう一度見ていただきたい。

　波長が短い波ほど振れ角が大きい、あるいは散乱されやすいのであった。散乱とは、光や粒子が多数の小さな粒子に当たって、方向が不規則に変わり、散らされる現象のことである。このような散乱の度合いは、図 4.30 に模式的に描くように、波長が短い光（紫、青寄りの光）ほど大きく、波長が長い光（赤寄りの光）ほど小さい。散乱させる粒子の大きさにも依存するが、おおまかにいえば、散乱の度合いは波長の 4 乗（λ^4）に反比例する。

　地球は厚さが 500 km ほどの大気層に被われている。太陽光は地球の大気層に突入すると、大気層を形成するさまざまな粒子によって散乱されることになる。もし、散乱が皆無だとすれば、光は直進するので、昼間でも太陽の方向のみ明るく、空全体が明るくなることはない。

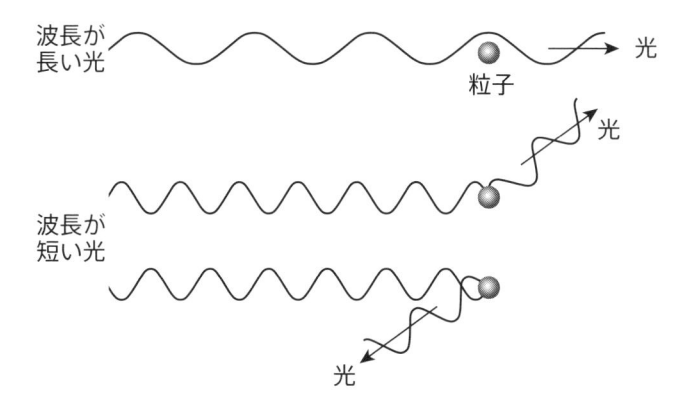

図 4.30　光の散乱の波長依存性

　太陽光は散乱によって方向が不規則に変えられるが、図 4.30 に示されるように、波長が短い青系の光ほど散乱の程度が大きく、何度も方向を変えて散乱するので、空（大気層）一面に青系の光が満ちることになる。つまり、空は青く見えるのである。

朝日と夕日

　古来、日本人は美しい日の出、特に"初日の出"を崇めてきた。水平線あるいは地平線に沈む太陽の美しさも格別のものである。
　われわれが、朝昇ってくる太陽（朝日）と夕方に沈みゆく太陽（夕日）に特別の想いを寄せるのは、その"大きさ"とともに、あの真っ赤に燃えるような"色"のためだろう。
　昼間の太陽は白くまぶしく輝いているのに、朝日や夕日はどうして赤いのだろうか。
　朝日、夕日が赤く見えるのも、光の散乱と大気層のせいなのである。

いま、図4.31に示すように、地球上のA地点に立っているとする。太陽光は地球を被う大気層を通過してA地点に届くが、昼間（正午）と朝方、夕方では通過する大気層の厚さが大きく異なる。

　いうまでもないが、夜になると暗くなるのは太陽光が届かなくなるからである。

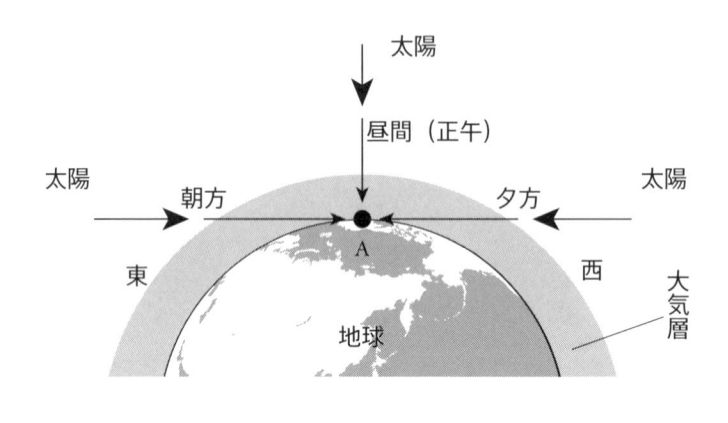

図4.31　昼間（正午）と、朝方・夕方の太陽の位置

　朝方から夕方までA地点の明るさは徐々に明るくなった後に徐々に暗くなるのであるが、これは、A地点に届く太陽光の量が徐々に増し、そして徐々に減るからである。このような変化がなぜ起こるのかは、太陽光の直進を、散乱と吸収によって邪魔する大気層の厚さの変化を考えればわかるだろう。

　すでに何度も述べたように、太陽光の白色光は波長が短い紫から波長が長い赤までの可視光の"束"である。図4.30に模式的に描かれたように、波長が長い赤系の光は大気層の物質に邪魔される度合いが小さいので届きやすいが、波長が短い青系の光は邪魔される度合いが大きいので届きにくいのである。このため、図4.31に示されるように、太陽光が長い距離の大気層を通過してくる朝方や夕方は、波長が短い青系の光の多くがA地

点に届くまでに散乱によって失なわれ、A地点に届く太陽光のほとんどは波長が長い赤系の光だけになってしまうのである。

このように、A地点に届くまでに太陽光が通過する大気層の厚さが変化することによって、A地点の明るさが変化するのであるが、単に明るさが変化するだけでなく、その明るさの"中味"つまり"色"も変化するのである。

図4.31によれば、朝日と夕日は基本的に同じであるが、実際の朝日と夕日の色は同じではない。それは、朝方と夕方では大気の温度、湿度が異なるからである（図3.35参照）。

ところで、余談ながら（ほんとうは余談ではない）、交通信号で「赤は止れ、青は進め」という規則は世界共通であるが、なぜ、そのように決められたのであろうか。いまここで述べたことを考え、読者自身で、その理由を見つけていただきたい。

第5章　電気と磁気

　現代人にとって最も身近な、そして最も重要なエネルギーは電気であり、われわれの生活はもはや、電気、さまざまな電気機器なしには成り立たないことは誰もが認めることだろう。電気は電池によっても供給されるが、われわれにとっての主要な電気は発電所での"発電"によって得られるものである。じつは、この"発電"には電気と磁気の相互作用が関係しており、"磁気"（磁石）が決定的に重要な役割を果たしているのであるが、いつも"電気"に感謝している人でも"磁気"を意識することはほとんどない。

　磁石は子供の頃から馴染み深いオモチャである。最近は、家庭や事務所で、色とりどりのキャップがついた磁石（マグネット）がスチール製の壁やキャビネット、冷蔵庫などに書類やメモを張りつけるピン代りに使われている。これらは身近に見られる磁石だが、もちろん磁石の応用は、このように、ある種の金属にくっつく性質を利用したものにとどまることなく、現代の日常生活に欠かせない無数の機器、装置、道具に磁石が不可欠の部品として多用されている。

　電気と磁気が身近な存在であるわりには、その物理的実態を理解するのは容易ではないが、本章では、それらの"物理"を垣間見ることにする。

5.1　電気

電荷

　現代人なら誰でも電気に関するある程度の知識を持っている。電気は発電所でつくられ、電線で送られ、変電所を経て家庭あるは工場まで運ばれ

るということを小学校の社会科で習って知っている。電気が流れている裸電線に触れると、ビリビリとしびれを感じる、つまり感電する。感電死することもある。ゴムの手袋をすれば、裸電線に触れても感電しない。

このように、われわれは、電気のさまざまな"はたらき"を見たり、感じたりすることはできるのであるが、電気そのものの"実体"を見ることはできない。

さて、話が前後するが、"電気"とは何なのだろうか。

余談だが、「電気」を日本の代表的国語辞典である『広辞苑』で調べてみると「摩擦電気や放電・電流など、広く電気現象を起させる原因となるもの。電荷や電気エネルギーを指すことが多い。」と説明されている。普通、辞典を使うのは、言葉の意味がわからず、その意味を知りたいと思う時であるから、「電気」の意味がわからず、その意味を知りたいと思う人が、このような説明で満足するのだろうか。私には不可解である。「電気」の意味がわからない人が、その説明に使われている「摩擦電気」や「電気現象」や「電気エネルギー」の意味がわかるはずないではないか。『広辞苑』は不思議な辞典である。

閑話休題。

電気の"実体"を理解するのは容易なことではない。ここでは、電気の物理的実体はともかく、電気という現象を引き起こす根源は**電荷**とよばれるものであり、電荷には正（陽、プラス、＋）の正電荷と負（陰、マイナス、－）の負電荷の二種類があることを知っておいていただきたい。電荷の種類としては**電子**（－電荷）、**正孔**（＋電荷）、**陽イオン**（＋電荷）、そして**陰イオン**（－電荷）の4種があるが、これら4種の電荷の根源は何かといえば電子の"過不足"である。"過"ならば－電荷に、"不足"ならば＋電荷になる。つまり、三段論法で簡潔にいえば「電気の根源は電子である」ということになる。

そして、図5.1に示すように、異種の電荷には互いに引き合う引力がはたらき、同種の電荷には互いに反発する斥力がはたらく。このように電荷間ではたらく電気力を**クーロン力**とよぶ。

211

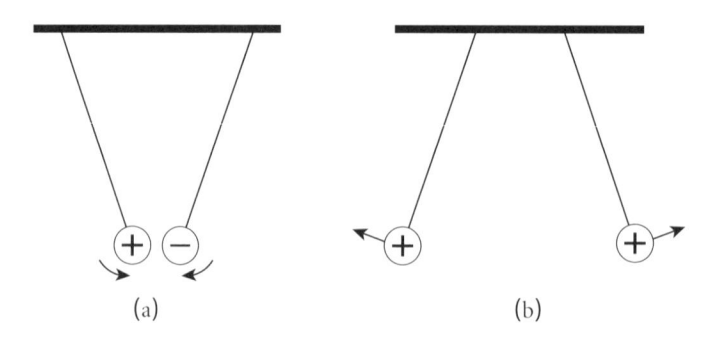

図 5.1　電気力、(a) 斥力、(b) 引力

　ちなみに、電荷の大きさの単位はクーロン［C］で、後述するように、1アンペア［A］の電流が1秒［s］間に運ぶ電気量が1クーロン［C］（1［C］= 1 $\left[\frac{A}{s}\right]$）である。

電場とクーロン力

　上述の両電荷間にはたらく斥力あるいは引力は**電気力**という力のためである。この電気力も重力と同じように、何らかの物質を介することなく、物質的な媒質ではない、何か、ある物理量によって変化が生じるような空間である"場"で作用する。

　電気力も重力と同様に、直接見ることはできないが、正電荷（+Q）の周囲には球の中心を含む断面を示す図 5.2 のような**電気力線**で表わされる電気力が生じていると考えることができる。正電荷の電気力線は球の中心から外側に放射状に向かう直線とし、負電荷（-Q）の電気力線は外側から球の中心に向かう直線とする。電気力の強さは電気力線の数に比例し、いま、Q 本の電気力線があるとする。

　半径 r の球の面積は $4\pi r^2$ だから、中心から半径 r の距離の電気力線の面密度は、$\frac{Q}{4\pi r^2}$ である。図 5.2 の球表面 A と球表面 B の表面積を考え

ば、電気線の面密度、つまり電気力の大きさが中心からの距離の2乗に反比例することは容易に理解できるだろう。ここで

$$E = \left(\frac{Q}{4\pi r^2}\right)\left(\frac{1}{\varepsilon}\right) \tag{5.1}$$

を電荷から距離 r 離れた点の**電界**と定義する。ε は**誘電率**とよばれ、電荷が存在する空間（"場"）の性質によって決まる定数である。このように、電荷によって何らかの変化が与えられ、その変化を媒介として電気力がはたらく図 5.2 に示されるような"場"を**電場**とよぶ。

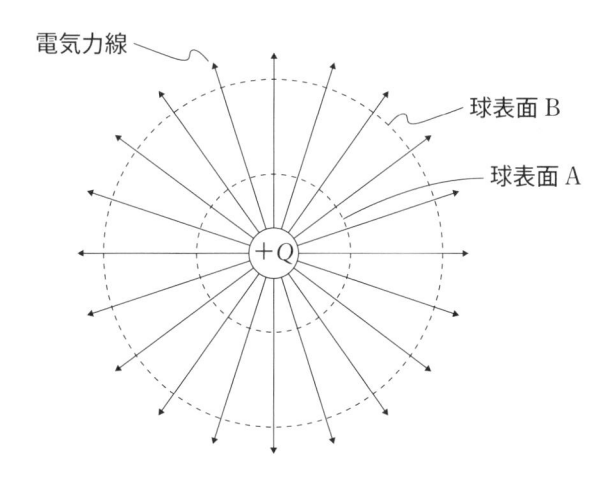

図 5.2　電荷 Q の電気力線

　図 5.1 の同種電荷による斥力と異種電荷による引力を電気力線で考えてみよう。たとえば、$+Q$ と $-Q$ の場合、図 5.3(a) のようになる。また、$+Q$ と $+Q$ の場合は図 5.3(b) のようになる。$-Q$ と $-Q$ の場合は力線の向きが異なるだけで、力線のパターンは同じである。

(a)　　　　　　　　　　　(b)

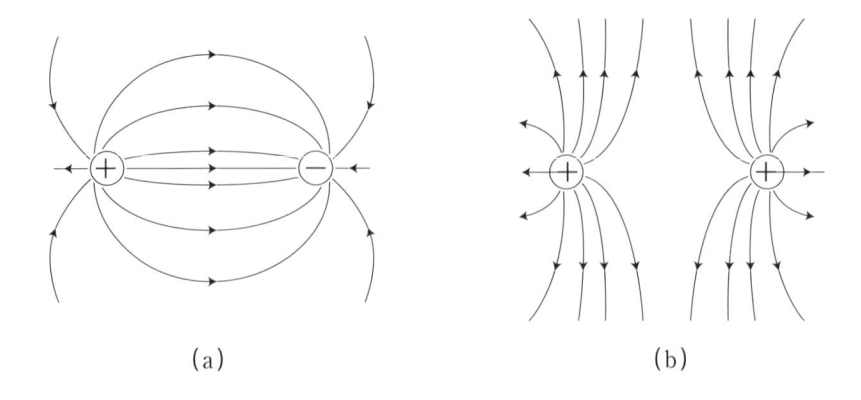

図 5.3　2 個の電荷に生じる電気力線、(a) 異種電荷、(b) 同種電荷

　一般的に、Q_1 と Q_2 の電荷が距離 d の間隔で存在する時、この 2 電荷間に作用する電気力 F は

$$F = k \left(\frac{Q_1 Q_2}{d^2} \right) \tag{5.2}$$

で与えられる。ここで、正電荷を $+Q$、負電荷を $-Q$ とすれば、同種の電荷間では $+F$、異種の電荷間では $-F$ となるが、$+F$ を斥力、$-F$ を引力と考えればよい。これは、**クーロンの法則**とよばれる。

　さて、式 (5.1) で与えられる電界の空間、つまり図 5.2 に示されるような電場に Q' の電荷を置いたとすると、その電荷 Q' が受ける力 F は

$$\begin{aligned} F &= Q'E \\ &= Q' \left(\frac{Q}{4\pi r^2} \right) \left(\frac{1}{\varepsilon} \right) \\ &= \frac{1}{4\pi\varepsilon} \left(\frac{QQ'}{r^2} \right) \end{aligned} \tag{5.3}$$

となる。

つまり、式（5.2）、式（5.3）より、定数kは

$$k = \frac{1}{4\pi\varepsilon} \quad (5.4)$$

で与えられる。

水流と電流

　水でも熱でも何でも"高い所"から"低い所"へ移動する（流れる）ことになっている。水位差をつけたタンクAとタンクBの間の水路・水門を開けば水は水路を流れる。水位差がなくなれば、つまりタンクAとタンクBの水面の高さが等しくなれば水流は止まる。この水流の現象は、"熱の移動"すなわち熱流の現象とまったく同じである。このような水流を起こす力は水位差が生む水圧である。熱流の場合は温度差である。

　水流は水位差がなくなれば止まってしまうので、水を常に流すためには、図5.4(a)のようにポンプを使って水をタンクに揚げ、水位差（$H_A - H_B > 0$）を保てばよい。H_A、H_Bはそれぞれタンクおよび基準の水位を表わす。

　このように、重力が物体に対して仕事をする時、物体は高いところから低いところへ移動する。電気の流れ（電流）も水の流れ（水流）とまったく同じように考えることができる。電場の力による仕事でも電気的に高い位置から低い位置へ電荷が移動すると考え、この時の電気的な高さのことを**電位**とよぶ。

　電流を保つためには、図5.4(b)のように電源によって電位差（電圧）V（$= V_A - V_B$）を生じさせればよい。V_A、V_Bはそれぞれ電源および基準の電位である。電圧にはボルト［V］という単位が使われる。水流にあたる電流にはアンペア［A］という単位が使われる。

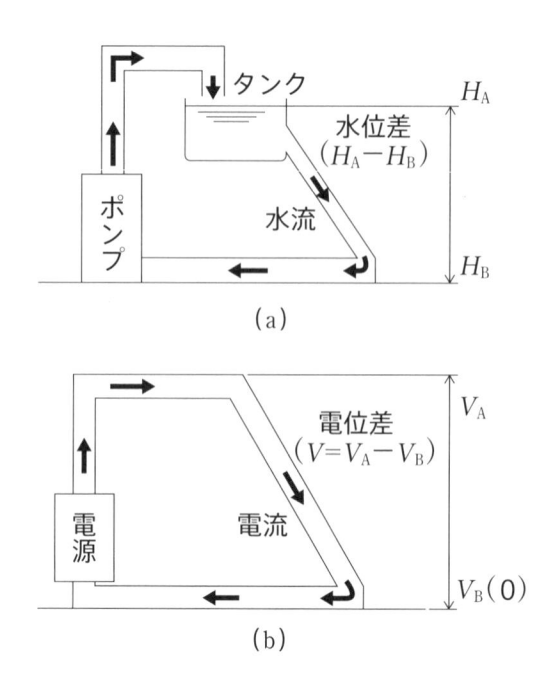

図 5.4　ポンプによる水流 (a) と電源による電流 (b)

　水位差が大きいほど水圧が大きくなるのと同様に、電位差が大きいほど電圧が大きくなり電流も大きくなる。つまり、電流は電圧に比例する。図5.4(b)に示される水流の場合も電流の場合も、パイプの"通りにくさ"つまり抵抗が大きいほど流れにくく、小さいほど流れやすくなるのは明らかであろう。電気抵抗を R で表わすと、電流（I）、電圧（V）との間には

$$I = \frac{V}{R} \tag{5.5}$$

$$V = IR \tag{5.6}$$

$$R = \frac{V}{I} \tag{5.7}$$

の関係があり、これを**オームの法則**とよぶ。なお、電気抵抗Rの単位は［Ω］（オーム）が使われる。

ところで、電流すなわち"電気の流れ"とは"電荷の流れ（移動）"のことで、半導体の機能を考える場合には＋電荷である正孔（ホール）も重要なはたらきをするが、当面は－電荷である電子の流れ（集団移動）と考えればよい。

上述のように、電流の強さを表わすにはアンペア［A］という単位が使われるが、導体の断面を1秒間に1クーロン［C］の電荷が通過したときの電流が1アンペア［A］である。t秒間にQ［C］の電荷が通過すれば、そのときの電流I［A］は

$$I = \frac{Q}{t} \tag{5.8}$$

となる。

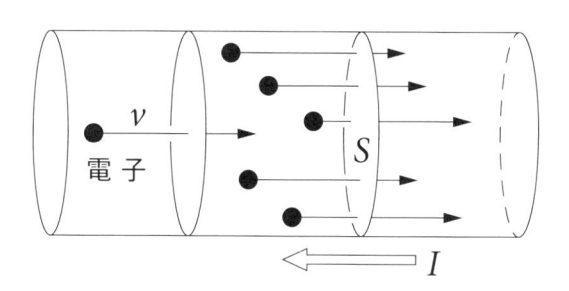

図5.5 電子の集団移動と電流

図5.5に示されるように、電荷e［C］の電子が平均速さv［m/s］で断面積S［m²］の導体の中を同一方向に集団移動している場合のことを考える。導体の単位体積あたりの電子の数をn［個/m³］とすると、電子が

1秒間に進む距離は v [m] なので、体積 vS [m^3] の中に nvS [個] の電子が含まれる。つまり、1秒間に導体の断面を通過する（流れる）電流 I は

$$I = envS \quad [\text{A}] \tag{5.9}$$

となる。

なお、図 5.5 に示されるように、電流の方向は負（−）電荷を持つ電子が集団移動する方向と逆に定義される。

電気抵抗と電気抵抗率

物質の電気抵抗 R は"電荷（電気）の流れにくさ"であり、電気が流れる物質の形状によって異なる。つまり、電気抵抗 R は長さ L に比例し断面積 S に反比例する。このことは、運動会の障害物競走で自分自身がパイプの中を通過する場合のことを考えればわかりやすいだろう。"辛さ"を"抵抗"と考えると、パイプが長いほど辛いし、パイプの断面積が大きいほど楽なはずである。つまり

$$R \propto \frac{L}{S} \tag{5.10}$$

である。また、同じ長さ、同じ断面積のパイプであっても、材質によって、その辛さ、楽さ加減は異なるであろう。つまり、式（5.10）の比例定数を ρ とすれば、式（5.11）は

$$R = \rho \left(\frac{L}{S} \right) \tag{5.11}$$

となる。この比例定数 ρ を**電気抵抗率**（抵抗率）あるいは**比抵抗**とよぶ。

電気抵抗 R の単位を [Ω]、長さの単位を [cm] とすれば、式（5.11）より、抵抗率 ρ の単位は

$$\rho = R\left(\frac{S}{L}\right)$$
$$\rightarrow [\Omega]\left(\frac{[\text{cm}^2]}{[\text{cm}]}\right) \rightarrow [\Omega \cdot \text{cm}] \tag{5.12}$$

となる。

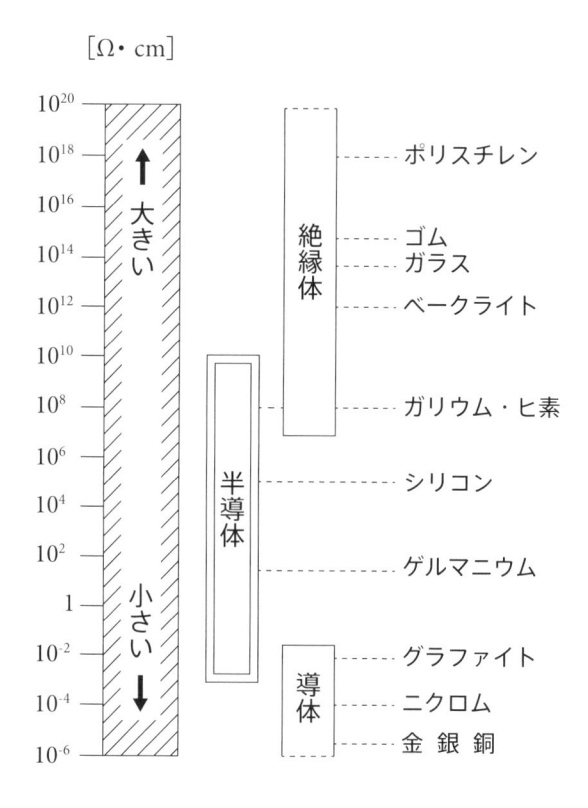

図 5.6 物質の電気抵抗率による分類

電気抵抗 R は物質の形状によって変わってしまうが、抵抗率 ρ は物質特有の物理定数だから一定条件下では不変である。この抵抗率の観点から物質を分類したのが図 5.6 である。

　また、抵抗率 ρ は "電荷（電気）の流れにくさ" を示す係数であるが、"電荷（電気）の流れやすさ" を表わすには、抵抗率の逆数である **導電率**（$\sigma = \dfrac{1}{\rho}$）を用いる。

電力

　水車を回す水力は水圧が大きいほど、水量が多いほど強くなり、この力は「水圧×水量」で表わされる。電気の力も同様に「電圧×電流」で表わされ、電圧、電流が大きいほど強くなり、この力を **電力** とよぶ。電力の単位は［W］（ワット）である。つまり、「電力（W）＝電圧（V）×電流（A）」で、「1 秒間に 1 J の仕事をするのが 1 W」と定義される。「物体に 1 N（ニュートン）という力がはたらいて、力の方向に 1 m だけ動かす仕事量」が「1 J」である。電流、電圧、電力の関係について別のいい方をすると、「1 A の電流が流れる導線上の 2 点間でなされる仕事量が 1 W である時、この 2 点間に存在する電圧が 1 V」ということになる。

　いずれにしても、水にせよ電気にせよ、「仕事」は一瞬に終わることなく、一定の時間にわたって行なわれるものである。そこで費やされる「電力量」は「電力×時間」となる。一般的に、電力量には「時間」を単位として［kWh（キロワット時）］という単位が使われる。1 kW の電気を 1 時間使った時の電力量が 1 kWh（キロワット時）である。電力会社に徴集される「電気使用料」は、この使用電力量から計算される。

5.2　磁気

磁荷と磁力線..

　われわれは磁石についても、それらが"どういうものか"は知っている。磁石の現象の源は**磁気**というものであるが、その磁気とは何か、となると、電気の場合と同じように俄然厄介な問題になる。

　電気と対をなす磁気は上述の電気とほぼ同様に考えることができる。

　電気現象の源が電荷であったのに対し、磁気現象の源は**磁荷**である。詳細については後述するが、磁荷の強さを表わすにはウエーバー［Wb］という単位が使われる。

　われわれは小さい頃から、同極（S極同士またはN極同士）の磁石は反発しあい、異極（S極とN極）の磁石は引き合う、という事実を知っている。これも、直接目で見ることはできないが、**磁力**という力がはたらいている結果である。磁力も**磁場**という"場"で作用する。

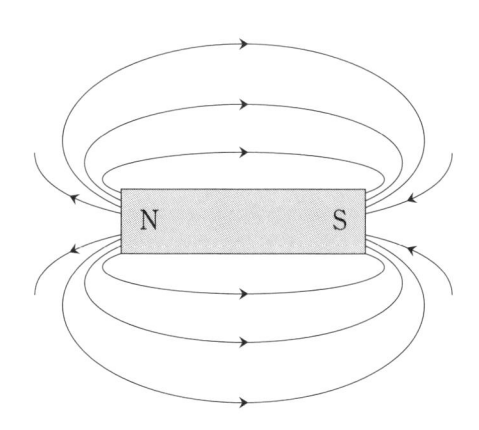

図 5.7　棒磁石の磁力線

たとえば、棒磁石の磁力を電気力線と同様の**磁力線**で表わすと図5.7のようになる。電気力線のように、磁力線はN極から出てS極に入ると決められている。

　上述の「同極の磁石は反発し合い、異極の磁石は引き合う」ということは、図5.3の電気力線の＋をNに、－をSに置き換えることで理解できるだろう。

　ところで、図5.8に示すように、棒磁石をいくつに切断しても、そこには必ずN極とS極が対になって現われ、その片方だけ（単極）の磁石というものはない。この点が、＋電荷と－電荷が単独に存在する電荷と本質的に異なることである。究極の最小の"磁石"は電子である。後述するように、磁気は電流によって生じるが、それは図5.9に示すように、原子の中の軌道電子の自転と公転によるものである。

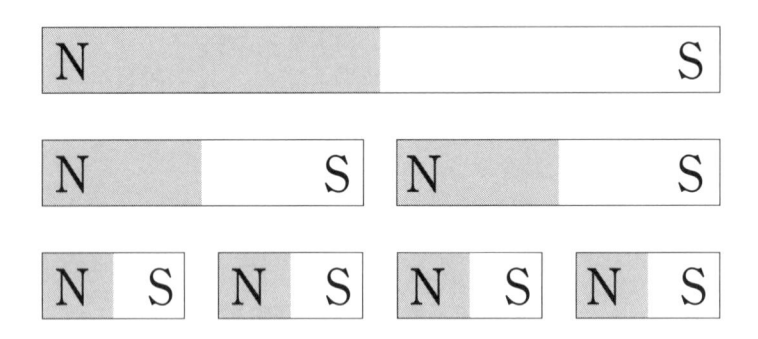

図 5.8　磁石の切断

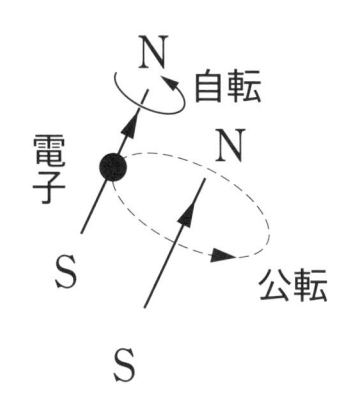

図 5.9　究極の最小磁石

磁気力と磁場

　磁気力と電気力、磁場と電場は同じように考えることができる。
　磁荷については、図 5.2、図 5.4 の電荷 Q を磁荷 M に置き換えて考えればよい。大きさが M_A と M_B の磁荷が距離 d の距離で存在するとき、これらの磁荷の間にはたらく力 F は式（5.1）と同様に

$$F = \frac{1}{4\pi\mu}\left(\frac{M_1 M_2}{d^2}\right) \quad (5.13)$$

で与えられる。式（5.3）とまったく同じ形である。μ は電気の場合の誘電率 ε に相当するもので**透磁率**とよばれる磁場特有の定数であり、磁極間を満たしている物質によって決まる。
　磁荷 M から r 離れた点の磁場の強さ H は、電場の場合の式（5.1）と同様に

$$H = \left(\frac{M}{4\pi r^2}\right)\left(\frac{1}{\mu}\right) \qquad (5.14)$$

で与えられる。

また、式（5.14）で与えられる強さの磁場に置かれた磁荷 M' が受ける力は、式（5.3）と同様に

$$F = M'H \qquad (5.15)$$

で与えられる。

磁場の強さ H は、電場の強さが電気力線の密度に比例したのと同様に磁力線の密度に比例するので、その単位は［N / Wb］となる。

つまり、式（5.1）が、電荷 Q が作る電場 E を意味したのに対し、式（5.13）は、磁荷 M が作る磁場 H を意味する。つまり、磁荷と電荷、磁界と電界、すなわち電気と磁気はまったく対等な現象とみなすことができるのである。

式（5.1）、（5.13）は一般に、電気と磁気に関するクーロンの法則とよばれるが、それまで不可解だった電気と磁気の世界を初めて数式で表現したという点で画期的なことであった。

5.3　電気と磁気の相互作用

電磁相互作用

いま、電気と磁気はまったく対等な現象とみなすことができると述べた

のであるが、電気と磁気は互いに作用を及ぼしあう**電磁相互作用**を持つ。この画期的な大発見は 1820 年から 1831 年にかけて為された。

　最初の大発見は、デンマークのエルステッド（1777 - 1851）が示した「運動する電荷、つまり電流は磁場を作り出す」という実験事実である。これが電流と磁気の間をつなぐ最初の発見であった。それまで、電気と磁気は別々に研究され、それらが相互に関連することは誰によっても示されていなかった。

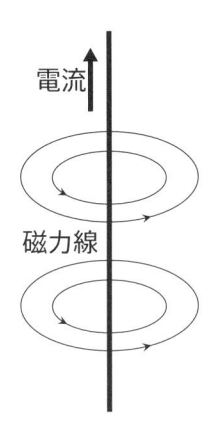

図 5.10　電流による磁場の発生

　具体的には、図 5.10 に示すように、直線状の電流の周囲に同心円状の磁力線で表わされる磁場が生じる。電流の向きを変えれば磁力線の向きも変わる。この実験事実から、磁気の変化の原因は電流であることを発見したのはフランスのアンペール（1775 - 1836）だった。アンペールは電流の大きさ、電線からの距離、そして磁力の強さの関係を精密な実験で調べ、電流 I が流れる直線の電線から垂直に r 離れたところに生じる磁界 H との関係を

$$H = \frac{I}{2\pi r} \qquad (5.16)$$

とまとめた。ここで、電流 I の単位を［A］、距離 r の単位を［m］とすれば、磁界（磁場）H の強さの単位は［A/m］となる。

　電流の方向と磁場の方向との関係は、図 5.11 に示される。右手の親指の方向を電流の方向に向けると残りの指が磁場の方向を指す。これを**アンペールの法則**とよぶ。後述する「**フレミングの左手の法則**」にならい、これを「**アンペールの右手の法則**」とよんでおこう。アンペールの法則によって、電流と電流のまわりに生じる磁場との関係が初めて明らかになったのである。

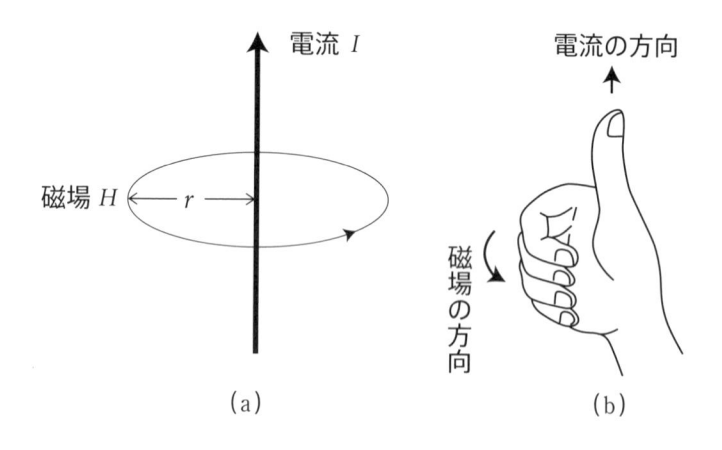

図 5.11　電流と磁場の関係 (a)、アンペールの右手の法則 (b)

　図 5.11 に示したアンペールの法則では無限に長い直線状の電線が扱われている。もちろん、現実的に、"無限に長い直線状の電線"は存在しないが、アンペールは距離 r に対して十分に長い直線状の電線を使って実験

した。しかし、式（5.16）を使って、短い電線や曲がった電線に生じる磁場の強さを求めることはできない。短い電線や曲がった電線に生じる磁場の強さを求めることに成功したのはフランスのビオ（1774 - 1862）とサバール（1791 - 1841）である。

　　ビオとサバールは曲がった電線を微小な長さ Δs の直線状の電線の集まりとして近似し

$$H = \frac{I \Delta s}{4 \pi r^2} \tag{5.17}$$

を得た。これを**ビオ・サバールの法則**とよぶ。

　ビオ・サバールの法則によって得られる微小な長さの電線によって生じる磁場をすべて足し合わせて無限に長い直線状の電線によって生じる磁界を積分計算すればアンペールの法則（式（5.16））と同じ結果が得られるわけである。

　コイル（輪）状電線の電流の場合は、図 5.10 に示した直線状電線をコイル（輪）にして考えればよい。図 5.12 に示すように、導線を取り巻く磁力線はコイルの内側で束状になる。コイルの中心での磁場の強さ H は上述のビオ・サバールの法則で求められるが、結果的に

$$H = \frac{I}{2r} \tag{5.18}$$

となる。

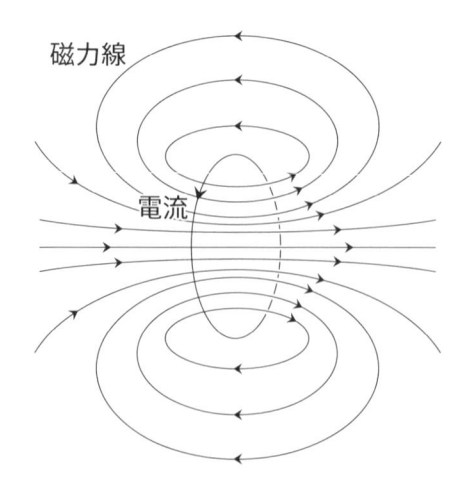

図 5.12 コイル状電線に生じる磁束

アンペール力

アンペールは、図 5.13(a) に示すように、磁場の中に置いた導線に電流を流すと導線に力（**アンペール力**）がはたらくことを発見した。この力を「電流が磁界から受ける力」という意味で**電磁力**とよぶ。

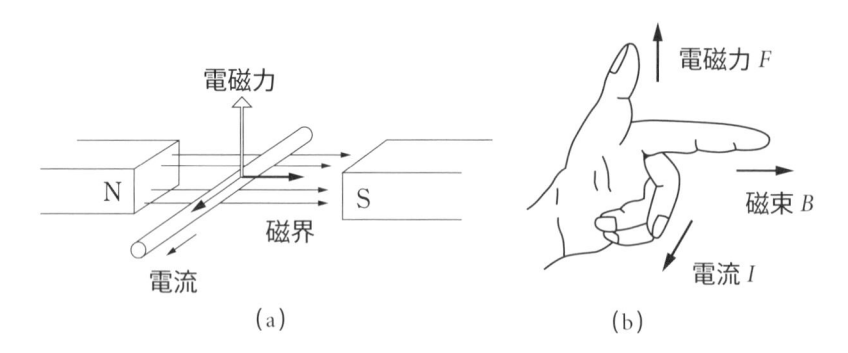

図 5.13 電流、磁場、電磁力の関係 (a) とフレミングの左手の法則 (b)

実験によれば、強さ H [A/m] の磁界の中に I [A] の電流が流れている長さ L [m] の導線を磁場の方向と直角に置いたとき、導線が受ける電磁力 F の大きさ（[N]）は

$$F = \mu_0 HIL \tag{5.19}$$

で与えられる。ここで μ_0 は**真空の透磁率**とよばれる定数で、$\mu_0 = 4\pi \times 10^{-7}$ [N/A^2] である。
　ここで、**磁束密度**とよばれる

$$B = \mu_0 H \tag{5.20}$$

を導入すれば、式（5.19）は

$$F = BIL \tag{5.21}$$

となる。磁束密度 B は単純に「実際の磁力の強さ」と考えればよい。"磁場の強さ（H）"と"磁束密度（B）"を結びつけるのが真空の透磁率 μ_0 である。ちなみに、電場の場合、磁場の真空の透磁率 μ_0 に相当するのが**真空の誘電率** ε_0 とよばれるものである。
　電磁力（F）、磁束（B）、電流（I）の方向は、図 5.13(b) に示すように、左手の親指、人差し指、中指の方向になる。ちょうど、アメリカ連邦捜査局（FBI）の順番になるので憶えやすいだろう。この"法則"は"アンペールの左手の法則"とよばれるべきと思うが、一般には"フレミングの左手の法則"として知られている。

ローレンツ力

アンペールによって明らかにされたように、電流は磁場から電磁力を受ける。このことから、運動している電子も同様の電磁力を受けることを明らかにしたのがオランダのローレンツ（1583-1928）である。

静止している電子は磁場から力を受けないが、−電荷である電子は、当然、静止していても電場から力を受ける。電流は電子の移動（運動）によって生じるのだから、電流の"元"である"運動する電子"は電場から力を受けることは理解しやすいだろう。この"運動する電子"が磁場から受ける電磁力を**ローレンツ力**とよぶ。

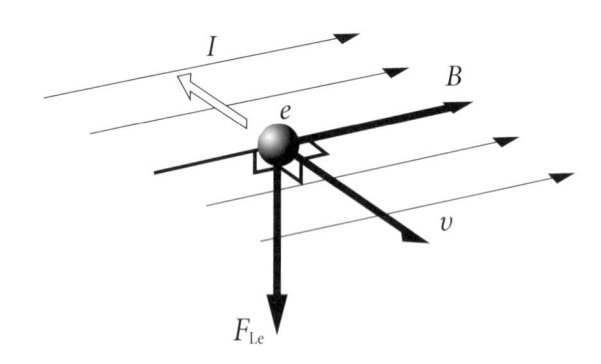

図 5.14　ローレンツ力

式（5.21）に式（5.9）を代入すると電流 I が流れる導体が受けるローレンツ力 F_L は

$$F_L = BenvSL \tag{5.22}$$

で、図 5.14 に示すように、1 個の電子が受けるローレンツ力 F_{Le} は

$$F_{\text{Le}} = \frac{BenvSL}{nSL} = evB \quad [\text{N}] \qquad (5.23)$$

となる。

　もちろん、このようなローレンツ力は電子に限らずあらゆる荷電粒子にはたらくものであり、荷電粒子の電荷を Q とすれば、そのローレンツ力 F_{LQ} は

$$F_{\text{LQ}} = QvB \quad [\text{N}] \qquad (5.24)$$

で与えられる。

サイクロトロン

　図 5.15 に示すように、垂直磁場の中を速さ v で進む質量 m の荷電粒子の運動を考える。荷電粒子は絶えず進行方向に直角なローレンツ力 F_{LQ} を受けるので、これを向心力として、

$$F_{\text{LQ}} = QvB = \frac{mv^2}{r} \qquad (5.25)$$

$$r = \frac{mv}{QB} \qquad (5.26)$$

を満たすような半径 r の等速円運動をする。等速円運動の周期

$$T = \frac{2\pi r}{v} \qquad (2.47)$$

231

の r に式（5.26）を代入すると

$$T = \frac{2\pi m}{QB} \quad (5.27)$$

となり、荷電粒子の等速円運動の周期 T は v と r に関係なく一定になることがわかる。このような等速円運動を**サイクロトロン運動**とよぶ。

　高エネルギー物理学の分野で使われている粒子加速器サイクロトロンは、このサイクロトロン運動を応用したものである。

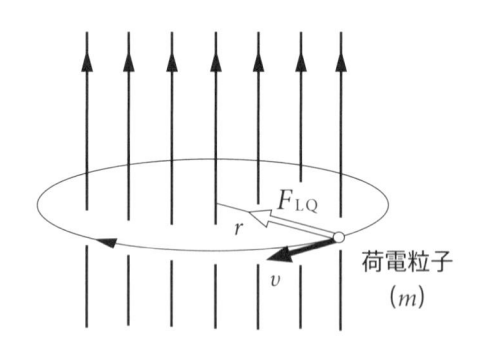

図 5.15　荷電粒子のサイクロトロン運動

　サイクロトロンの基本的構成は、図 5.16 に示すように、一様磁場中に置かれた 2 つの中空の半円盤状の電極である。この半円盤状の電極は、その形状から"D（デイ）"とよばれ、"D（デイ）"の直線部分が向かい合うようにギャップを挟んで設置されている。サイクロトロンの中心部分に荷電粒子（たとえばイオン）を入射し、両電極間に高周波交流電圧を印加する。電極間の電場によって加速された荷電粒子は、上述のように電極の中の磁場から受けるローレンツ力 F_{LQ} によって円形軌道を描く。

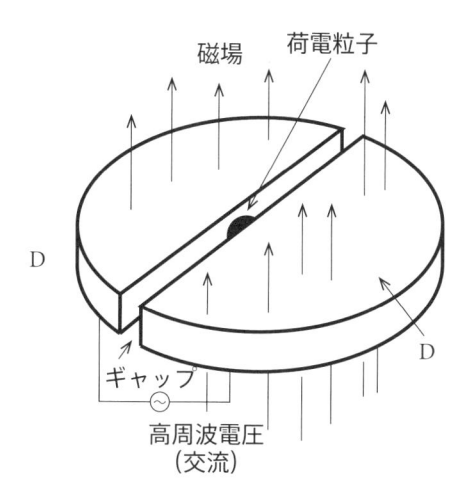

図 5.16　粒子加速器サイクロトロンの基本的構成

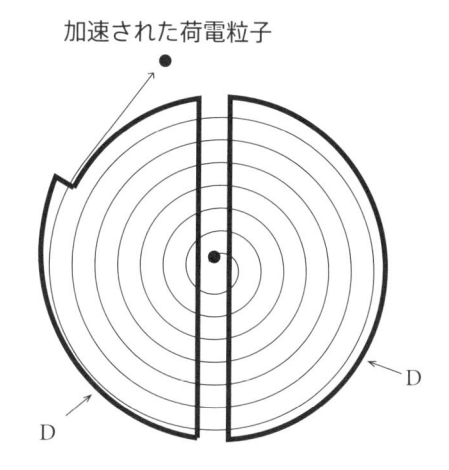

図 5.17　サイクロトロンの中でらせん加速運動する荷電粒子

この場合、もし、電場の向きが一定（直流）であれば、たとえば右のDから左のDに移るときに加速されても、周回して左のDから右のDに移

るときは電場の向きが逆になるので減速されてしまうことになる。ここで重要な意味を持つのが、両電極に印加される交流電圧である。荷電粒子が D の中で半周したとき、電場の向きが同じ加速方向に変わり、荷電粒子はギャップに到達するたびに加速され続け、飛行速度に応じて円軌道の拡大、つまり荷電粒子はらせん軌道を描きながら D の外側に向かっていく（図5.17）。加速され大きなエネルギーを持った荷電粒子はサイクロトロンの外に取り出され、さまざまな高エネルギー物理学の実験に供されるのである。

現在、サイクロトロンで得られているエネルギーは数十～数百 Mev であるが、さらに高いエネルギーを実現するためには、装置自体を巨大化する必要があり、特に巨大な電磁石の建造には巨額の費用を要する。そこで、極力コンパクトな設備で高いエネルギーの加速粒子を得るために発明されたのが**シンクロトロン**とよばれる加速器である。

サイクロトロンでは粒子のエネルギーが大きくなるにしたがって円運動の半径も大きくなってしまう欠点があったが、シンクロトロンでは一定に保たれていた磁場の大きさを適時調節することによって、軌道半径を一定に保つことができる。つまり、決まった大きさの設備で加速しつづけることができるのである。実際には前段加速器として線型加速器、サイクロトロンを用いたシンクロトロンによって得られた高エネルギーの粒子ビームが高エネルギー物理学などの分野で活用されている。

1991 年から日本原子力研究所と理化学研究所が共同で兵庫県の播磨科学公園都市内に建設を開始し、1997 年から高輝度光科学研究センターの管理下で運用されているシンクロトロン（通称"Spring-8"）は最大 8 GeV（G = 10^3 M）のエネルギーを持つ加速電子を作り出すことができる。ちなみに"Spring-8"は"Super Photon ring-8 GeV"の略である。私も"Spring-8"には何度か足を運んだが、それは想像を絶する巨大な施設である。

2011 年の時点で、世界で最大のエネルギー（7000 GeV）を持つ加速粒子（陽子）がスイスにある欧州原子核研究機構（CERN）の大型ハドロン衝突型加速（LHC）で得られている。

電磁誘導

次の大発見は 1831 年、イギリスのファラデイ (1791 - 1867) による「磁荷の運動による電流の発生」、つまり、エルステッドが発見した「電荷の運動による磁場の発生」の逆の現象である。

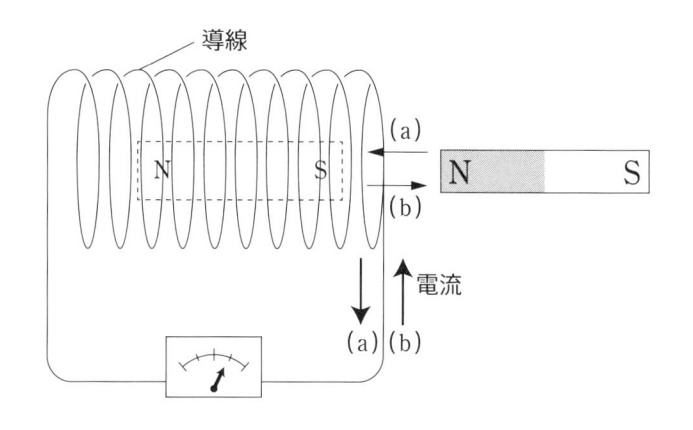

図 5.18　電磁誘導による電流の発生

具体的には、図 5.18 に示すように、コイル状の導線の中に磁石を出し入れすると (つまり、コイルの中で磁荷を運動させることである)、コイルに電流が生じる。この現象は「電気を磁気から誘導する」**電磁誘導作用**とよばれるが、電磁誘導は導体と磁場の相対運動だけによって決まる。したがって、図 5.18 で磁石を動かす代りにコイルを動かしても同じことである。電磁誘導によって生じる電流の向きは、図中 (a) の磁石が挿入される場合と (b) の引き出される場合では逆になる。コイル内の磁場の変化に逆らう、つまり、コイル内の磁場の変化を打ち消すような磁場が発生する向きの電流が生じるのである。また、導体と磁場が相対的に静止している場合には電流は発生しない。

磁束密度 B〔Wb/m²〕の磁場に空間断面積 S〔m²〕のコイルを置くと、このコイルを貫く磁力線の総数 ϕ〔Wb〕は

$$\phi = BS \qquad (5.28)$$

で表わされ、この ϕ を**磁束**とよぶ。

ファラデイが実験的に発見した「電磁誘導は導体と磁場の相対運動だけによって決まり、導体と磁場が相対的に静止している場合には電流は発生しない」ということは、電磁誘導はコイルを貫く磁束が変化するために起こるのであり、誘導起電力 V〔V〕は磁束 ϕ の時間的変化率 $d\phi/dt$ に等しく

$$V = -\frac{d\phi}{dt} \qquad (5.29)$$

で表わされる。

ここで留意すべきことは、$d\phi/dt$ にマイナス（−）がついていることで、これは上述の「コイル内の磁場の変化に逆らう、つまり、コイル内の磁場の変化を打ち消すような磁場が発生する向きの電流が生じる」ということの数学的表現である。つまり、式（5.29）はファラデイが発見した電磁誘導作用の数学的表現であり、これは一般に**ファラデイの電磁誘導の法則**とよばれている。

この電磁誘導作用の発見以前、人類は実生活に使用可能な電気を電池に頼っていたが、この電磁誘導作用の発見によって、人類は高電圧・大電流の電気をつくり出す（発電する）ことができるようになったのである。現代の生活に電気が不可欠であることを考えれば、人類の文明史上、これが最大級の発見であることはいうまでもないだろう。

ところで、最近、一般家庭に拡がりつつある「ＩＨ（アイ・エッチ）」と

よばれる加熱器は上述の電磁誘導作用を応用したものである。「ＩＨ」は「Induction Heating（誘導加熱）」の略で、加熱器の上部に設置されたコイルに変動する電流（交流）を流すと、変動する磁場が発生し、この磁場が加熱器の上面に接触した金属製の鍋に**誘導電流**が発生し、この誘導電流によって鍋に熱が発生する仕組みである。したがって、基本的に、鍋は磁石がつく金属（磁性体）で作られていればよいが、磁束密度が大きな金属ほど大きな誘導電流が生じるので、強磁性体である鉄の鍋が最適である。磁性体でなくても、たとえばアルミニウムのように電気を流す物質であれば電磁誘導の法則によって、誘導電流は生じるが、アルミニウムの透磁率は小さいので、実質的に"加熱"には不向きである。

発電とモーター

　電気をつくり出すのが発電であるが、一般に、電気を発生させるには
（１）電磁誘導作用の原理を応用（発電所における発電、自転車ライト用発電機など）
（２）化学物質の化学反応で生じるイオンを利用（乾電池、蓄電池など）
（３）太陽などの光エネルギーを直接変換（太陽電池）
の方法がある。
　人類をはじめ、多くの動物は、さまざまな活動をしながら生きているが、このような活動のエネルギー源は微弱電流を生む電気現象である。つまり、動物の肉体は一種の発電機であり、それは上の（２）の方法に基づいている。（３）は近年脚光を浴びている太陽光発電である。
　われわれの日常生活に身近な、発電所で"発電"される（１）について説明する。じつは、われわれにとって、電気がきわめて身近なものであり、日常生活に不可欠のものであるにしては、発電の仕組は意外に知られていない。
　発電の基本原理はファラデイが発見した上述の電磁誘導作用である。

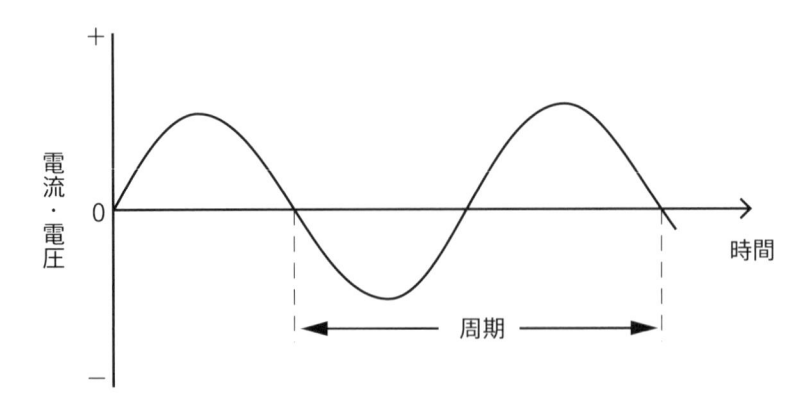

図 5.19　交流

　図 5.18 で説明したように、磁場とコイルが相対的に近づく (a) の場合は (a) 方向の電流が生じ、逆に相対的に遠ざかる (b) の場合は (b) 方向の電流が生じる。つまり、磁場とコイルの相対的な往復運動が繰り返されることによって、逆向きの電流が連続的に生じることになる。このような電流が**交流**とよばれるものである。この交流を時間軸で表わせば図 5.19 のようになる。図から明らかなように、交流の電気は時間的に電流（電圧）の強さが変化し、流れる向き（＋、－）も周期的に変わる。流れる向き（＋、－）が 1 秒間に変わる回数を**周波数**とよぶ。周期 T と周波数 f との間には

$$T = \frac{1}{f} \tag{3.4}$$

$$f = \frac{1}{T} \tag{3.5}$$

の関係があることはすでに示された。このような交流に対し、乾電池で得られるような電流は一方向のみに流れる**直流**とよばれる。

　交流発電機の原理を図 5.20 に示す。

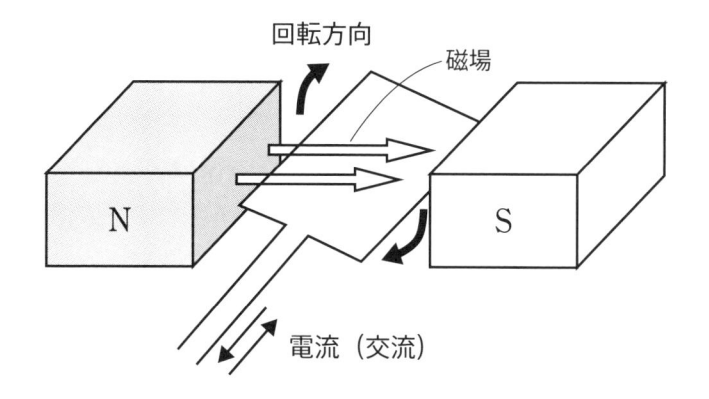

図 5.20　交流発電機の原理

　磁石（磁場）の中でコイルを回転させると、コイルを貫く磁束が変化する。たとえば、コイルの面が磁束の方向と平行なときはコイルを貫く磁束はゼロになり、コイル面が磁束の方向と直角のときはコイルを貫く磁束は最大になる。したがって、コイルが回転すれば式（5.29）によって、磁束の変化に比例して電流が発生する。コイルが回転するということは、図 5.18 に示される"磁石とコイルの相対的往復運動"と実質的に同じことであり、これが、実際の発電の仕組である。

　発電機の磁束密度を B [Wb/m^2]、コイルの面積を S [m^2]、コイル面と磁場のなす角を θ とすれば、時刻 t [s] にコイルを貫く磁束 ϕ [Wb] は

$$\phi = BS\cos\theta = BS\cos\omega t \tag{5.30}$$

で与えられる。式（5.29）より

$$V = -\frac{d\phi}{dt} = BS\omega\sin\omega t \quad (5.31)$$

の電流が得られ、その波形が図 5.19 で縦軸を電圧（V）にしたものである。コイル面と磁場のなす角 θ を横軸にしたときの交流起電力を図 5.21 に示す。

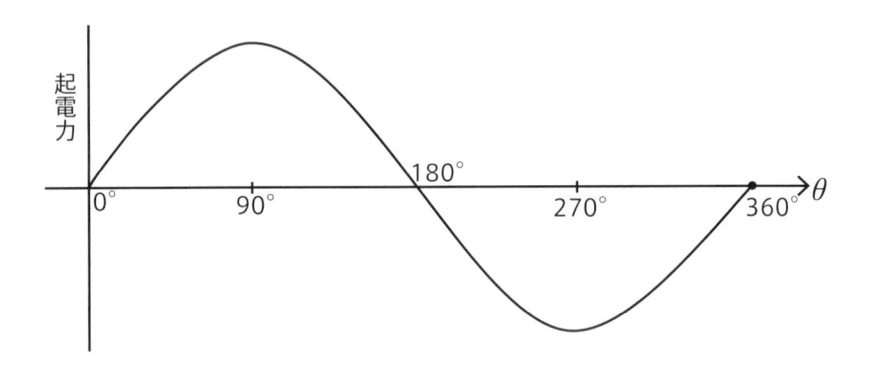

図 5.21　コイルの回転によって生じる起電力（交流）

　発電所で実際にコイルを回転させるのはタービンである。タービンには、動翼列がついており、この動翼列に、たとえば水や蒸気などの流体をあてることによって回転運動が生まれる。つまり、図 5.20 の磁石の中でコイルを回転させるのがタービンで、タービンは流体の運動エネルギーを回転運動に変換し、その回転運動を電気エネルギーに変換する橋渡しをするわけである。
　そのタービンを回転させる動力源によって、太陽光発電以外の発電が風力、火力、原子力、水力発電などとよばれるのである。たとえば、水力、

風力発電の場合、水あるいは風（空気）という流体が生む力学的エネルギーが直接タービンを回転させるが、火力発電と原子力発電はそれぞれのエネルギーをまず熱エネルギーに変換し、その熱エネルギーで得た蒸気（流体）でタービンを回転させるのである。また、自転車のライトの電源として使われている発電機の中のコイルの回転は自転車のタイヤの側壁と回転軸の摩擦によって得られる仕組になっている。

ところで、図5.20を見るとあることに気づかないだろうか。

つまり、磁石（磁場）の中でコイルを回転させればコイルに電気が流れるということは、その逆に、磁石（磁場）の中に置いたコイルに電気を流せば、そのコイルは回転するのではないか。これは、モーターの原理にほかならない。

モーターの原理を図5.22に示す。

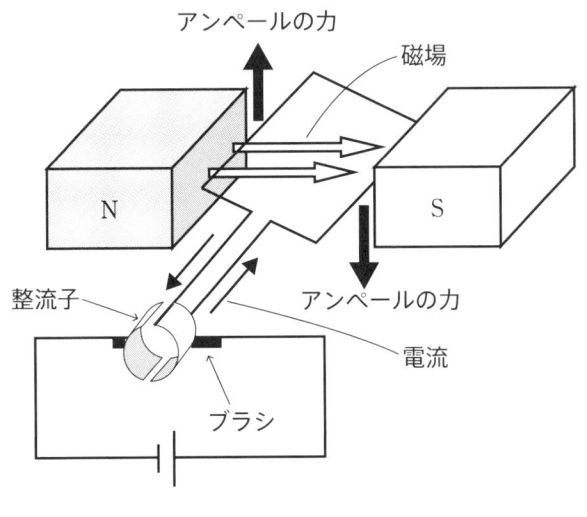

図 5.22　モーターの原理

モーターの内部には2個の磁石、これらの磁石がつくる磁場の中にコイルが置かれている。このコイルに電気を流すと、コイルの左側と右側には

上下の向きの異なるアンペールの力がはたらき（図5.13参照）、コイルが回転するのである。

　ここで絶妙なはたらきをするのが**整流子**である。

　コイル面と磁場の方向が平行なとき（$\theta = 0$）から$\frac{1}{4}$回転すると、ブラシは整流子から外れてしまい、電気が流れない状態になる。ここを慣性で通り過ぎ$\frac{1}{2}$回転したときには、コイルの左右は反転するが、コイルに流れる電流の向きは同じで、磁場の方向は変わっていないので同じ回転方向で回り続けることができるのである。

　現在、電気はもとより、モーターがない生活というのはまったく考えられない。動力として使われるモーター以外はあまり目に触れることはないが、現在、パソコン、携帯電話などのIT機器を含むさまざまな電気機器の中で、無数の小型モーターが使われている。現代の「文明生活」を支える発電やモーターの重要性を考えると、ファラデイの電磁誘導作用の発見は、まさに"世紀の大発見"だった。ファラデイは、このほかにも、超ノーベル賞級の仕事をいくつも遺しているが、残念ながら、ファラデイの時代にノーベル賞はなかった。このことは、ファラデイの仕事がいかに先駆的であったか、を示すものでもある。

マクスウエルの方程式

　イギリスのマクスウエル（1831-79）はエルステッド、アンペール、ファラデイらによって発見された電気と磁気の諸現象を定量的に記述する20ほどの方程式を構築し、自著『電気磁気論』（1881年）に記した。この20ものマクスウエル方程式を組み合わせて、今日「**マクスウエルの電磁方程式**」として有名な、たった4つの簡単な方程式にまとめあげたのはマクスウエルの後継者たち、特にイギリスのヘヴィサイド（1850-1925）とドイツのヘルツ（1857-1894）で、マクスウエルの死から20年後のことである。「電磁気学」はマクスウエルによって大成され、ヘヴィサイドとヘルツによって完成された、といってもよいだろう。きわめて難解な電気と磁

気の現象を「見事！」としかいいようがない4つの簡潔な方程式にまとめあげたヘヴィサイドとヘルツの功績はきわめて大きい。

以下、「マクスウエルの4つの電磁方程式」についての説明を試みるが、じつは、それらの方程式を本格的に理解するためには電磁気学の知識とスカラー、ベクトル、積分、微分、偏微分方程式などの数学の知識が必要である。それらの詳細は「電磁気学」の専門書[7]と「物理数学」の教科書[8]に譲るとして、ここでは、一般的読者のみなさんに、概要をつかんでいただくことを目標としたい。

最初に「マクスウエルの4つの電磁方程式」にまとめあげられた電気と磁気の諸現象を言葉で説明する。これは、本章で述べてきたことの復習であり、まとめでもある。

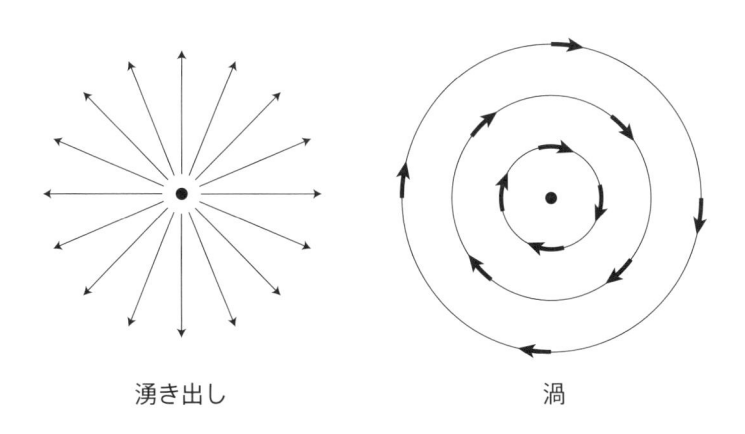

湧き出し　　　　　　　渦

図 5.23　"湧き出し"と"渦"の概念

まず、電気と磁気の動的な現象を理解するために必要な"湧き出し"と"渦"という概念（図 5.23）について知っていただきたい。

水が湧き出る泉を思い浮かべると"湧き出し"の理解は簡単である。中心に泉の源があって、そこからまっすぐに"何か"、たとえば水や光が放

出されているイメージでよい。中心にある"何か"が電荷の場合は、放出されるのは電気力線である。このような"湧き出し"を数学用語では"発散"とよぶ。

　鳴門海峡の渦潮を見たことがある人や毎年台風に襲われる日本人にとって"渦"の理解は難しくないだろう。どこが始まりとも終わりともいえないが、"何か"が渦捲いている状態である。図5.10で電流の周囲に生じる磁場を説明したが、じつは、磁気は電流のまわりに渦を捲くのである。渦を捲く磁気の場が磁場である。このような"渦"を数学用語では"回転"とよぶ。

　電気と磁気の諸現象を簡潔に「4項目」にまとめると

1）電気力線（電場 E）は密度 ρ の電荷（正電荷、負電荷）から湧き出て（発散して）、その形状はウニか栗のイガのような放射状である。
2）回転する（渦状の）電場 E は時間変化する磁場 B からつくられる。
3）磁場 B は始点も終点もない閉じたループ状であり、"湧き出し"（発散）はゼロである。
4）回転する（渦状の）磁場 B は電流 J と時間変化する電場 E からつくられる。

となる。

　これらの「4項目」を数式で表現したのが「マクスウエルの4つの電磁方程式」であるが、それらの具体的な説明の前に、「数学」に関わるいくつかの約束事と記号について簡単に述べておきたい。第1章で述べたことと一部重複する。

　いままで重力、電気力、磁気力など、自然界に存在するさまざまな"力"を扱ってきたが、一般に"力"は何かに作用するものだから、"大きさ（強さ）"のほかに、それが作用する"方向"も重要である。力のほかに、いままでに本書で扱った速度や運動量も同様である。"大きさ"と"方向"を持つ量は数学的に"ベクトル"を使って表わす。一方、質量、エネルギー、温度、体積などは"方向"を持たない量で、こちらは"ベクトル"に対して"スカラー"とよばれる。スカラーと区別するためにベクトルは太

字を使って表わされる。

　いままで、"電場 E"、"磁場 B"のように書いてきたが、じつは、電場も磁場も"大きさ"と"方向"を持つベクトル量なので、ここでは、電場は"$\boldsymbol{E}$"、磁場は"$\boldsymbol{B}$"のように太字で表わすことにする。

　もう一つ、数式上の記号について説明しておく。

　先ほど、図5.24で示した"湧き出し"と"渦"はそれぞれ数学用語で"発散"と"回転"とよばれると述べた。それらを数式で表わすとき、"div（divergence; 発散）"と"rot（rotation; 回転）"という記号が使われる。

　さらにもう一つ、以下の事項の理解に必要な"微分（偏微分）"について簡単に説明する。

　自然現象を定量的に扱う場合、しばしば「何か」の「時間的変化」（時間を"t"で表わす）を考えることが重要になるが、その「何か」の「時間的変化」を

$$\frac{\partial (何か)}{\partial t}$$

という記号で表わし、これを「（何か）の時間に関する偏微分」とよぶ。

　また、「何か」がベクトル量の場合は、「何か」の"発散"と"回転"は「ベクトル微分演算子」（勾配）を表わす記号「∇（ナブラ）」を使って

$$div (何か) = \nabla \cdot (何か)$$
$$rot (何か) = \nabla \times (何か)$$

と表わせられる。ここで"・"は「スカラー積」を表わし「×」は「ベクトル積」を表わす。つまり、スカラー積は「ナブラ演算子」を"発散"に変え、ベクトル積は「ナブラ演算子」を"回転"に変えることになる。

早速、これらの記号を使って電場と磁場の"発散"と"回転"を数学の記号で表わしてみると

$$div(電場) = \nabla \cdot E \quad (5.32)$$
$$rot(電場) = \nabla \times E \quad (5.33)$$
$$div(磁場) = \nabla \cdot B \quad (5.34)$$
$$rot(磁場) = \nabla \times B \quad (5.35)$$

となる。

また、「電場の時間的変化」は"$\partial E/\partial t$"、「磁場の時間的変化」は"$\partial B/\partial t$"と書き表わされる。

とりあえずこれで、数学的準備は十分である。「マクスウエルの4つの電磁方程式」を眺めることにしよう。

> 1）電気力線（電場 E）は密度 ρ の電荷（正電荷、負電荷）から湧き出て（発散して）、その形状はウニか栗のイガのような放射状である。

は、次の式で表現される。

$$\nabla \cdot E = \frac{\rho}{\varepsilon} \quad (5.36)$$

（ベクトル微分演算子 ／ 電場（ベクトル量）／ 電荷密度 ／ スカラー積はナブラ演算子を"発散"に変える ／ 真空の誘導率）

> 2）回転する（渦状の）電場 E は時間変化する磁場 B から作られる。

は、次の式で表現される。

$$\nabla \times \boldsymbol{E} = -\frac{\partial \boldsymbol{B}}{\partial t} \tag{5.37}$$

ベクトル積はナブラ演算子を"回転"に変える
磁場の時間的変化（偏微分）

> 3）磁場 $\boldsymbol{B}$ は始点も終点もない閉じたループ状であり、"湧き出し"（発散）はゼロである。

は、次の式で表現される。

磁場（ベクトル量）
$$\nabla \cdot \boldsymbol{B} = 0 \tag{5.38}$$

> 4）回転する（渦状の）磁場 $\boldsymbol{B}$ は電流 $\boldsymbol{J}$ と時間変化する電場 $\boldsymbol{E}$ から作られる。

は、次の式で表現される。

電流密度（ベクトル量）
$$\nabla \times \boldsymbol{B} = \mu_0 \left(\boldsymbol{J} + \varepsilon_0 \frac{\partial \boldsymbol{E}}{\partial t} \right) \tag{5.39}$$

真空の透磁率
電場の時間的変化

どうであろうか。
　電気と磁気の諸現象が簡潔に「4つの方程式」で表現されることに、私

はひたすら感激し、人類の英知に心からの敬意を表したくなるのである。

なお、ここで、私にもよく理解できないのは、電気と磁気の諸現象を簡潔に表現する「マクスウエルの電磁方程式」の中に、アンペール力とローレンツ力を表わす

$$F = BIL \tag{5.21}$$

$$F_{LQ} = QvB \tag{5.24}$$

が含まれていないことである。

結論として、電気と磁気の諸現象は「マクスウエルの4つの電磁方程式」と式（5.21）、（5.24）で表現されると考えればよいだろう。

電磁波の予測と発見

とても興味深いエピソードが遺っている。

26歳のマクスウエルから送られた長大で数式に埋め尽された論文を読んだ当時66歳のファラデイの頭には「磁気的効果と電気的効果が光ほど速い時間で伝わるのではないか」という"世紀の閃き"が浮かび、それをマクスウエルに手紙で伝えた。これが、今日、われわれの情報活動に不可欠になっている電磁波の発見、実用化に結びつく発端だった。

いま、言葉と数式で「マクスウエルの4つの電磁方程式」を説明したのであるが、もし、はじめに電場の時間的変化がつくり出されれば、それは磁場の時間的変化をつくり出し、そして、その磁場の時間的変化は電場の時間的変化をつくり出し、そして……というように、電場の変化と磁場の変化が交互に相手をつくり出しながら空間（"場"）を伝わっていくのではないか。その変化が周期的であれば、それは"波"となるだろう。じつは、これが図4.5（177ページ）に示した電磁波というものである

途中を割愛するが、マクスウエルの電磁方程式から電場と磁場の波動方程式（「波の挙動を表わす方程式」）がそれぞれ

$$\nabla^2 E = \mu_0 \varepsilon_0 \left(\frac{\partial^2 E}{\partial t^2} \right) \tag{5.40}$$

$$\nabla^2 B = \mu_0 \varepsilon_0 \left(\frac{\partial^2 B}{\partial t^2} \right) \tag{5.41}$$

と求められる。

波の伝播速度を v とすると、波動方程式の一般形は

$$\nabla^2 E = \left(\frac{1}{v^2} \right) \frac{\partial^2 A}{\partial t^2} \tag{5.42}$$

で与えられるから、電磁波の場合

$$\frac{1}{v^2} = \mu_0 \varepsilon_0 \tag{5.43}$$

となり、ここに $\mu_0 = 4\pi \times 10^{-7} \mathrm{mkg/C^2}$、$\varepsilon_0 = 8.8541818 \times 10^{-12} \mathrm{C^2 s^2 / kgm^3}$ を代入すると

$$\begin{aligned} v &= \sqrt{8.99211651 \times 10^{16}} \\ &\fallingdotseq 2.99868 \times 10^8 \ [\mathrm{m/s}] \end{aligned} \tag{5.44}$$

が導かれる。マクスウエルがこの値を得たのは1861〜64年の頃と思われるが、なんと、この計算値はドイツのウエーバー（1804-91）とコールラウシュ（1840-1910）が1856年に測定した光速（秒速30万km）と一致した！

ここからマクスウエルは電磁波の存在を具体的に予測するとともに「光は電気と磁気の現象を引き起こすのと同じ媒質の横振動からなる」、「光は

電磁波の法則にしたがって"場"の中を伝わっていく電磁的変動である」という結論することになる。マクスウエルは、それまで無関係と考えられていた電磁気学と光学を、自らの方程式で関連づけたのである。

　科学上の革新的進歩においてはいつも繰り返されることではあるが、マクスウエルの電磁波の概念、光の電磁波論もなかなか受け入れられなかった。ドイツのヘルツ（1857-94）が実験的に電磁波の存在を確認し、その電磁波が反射、屈折、偏りなどのすべての点で光波と同一の性質を持つことを示したのは、マクスウエルの電磁波の概念、光の電磁波論が発表されてから20余年を経た1888年のことだった。それは、マクスウエルがこの世を去ってから9年後のことである。

天才ファラデイ

　本書を閉じるにあたり、以下、余談である。
　私は電磁気学の歴史とマクスウエルの電磁方程式を復習するたびに、「科学とは発見なのか、発明なのか。同様に、数学とは発見なのか、発明なのか。」という科学界、数学界の長年の命題に直面する。高度な知性を持つ宇宙人の科学と数学に出合えたとき、人間は、この問いの答を知ることができるかもしれない。いずれにせよ、ファラデイとマクスウエルが、凡人には見えない自然界にころがる「キラキラと輝く美しさ」を見出す直感と知性を持つ傑出した大天才であったことは間違いない。

　これまでに、マクスウエルの"天才"ぶりについては十分に理解していただけたのではないかと思う。

　電磁気学の分野に加え、化学および物理学の両分野で画期的な仕事をいくつも行なったことを考えれば、ファラデイを「ピカイチの天才中の天才」とよんでもよいと思う。

　一般に知られるファラデイの業績の第一は今日の"発電"につながる「電磁誘導作用」の発見など「電磁気学」の分野の先駆的な仕事なのであるが、ファラデイはそれらの研究以前に塩素の液化、ベンゼンの発見、また今日

「電気化学」とよばれる分野の基礎を固めた傑出した化学者でもあった。いずれも1800年代初期〜中期になされた仕事である。ファラデイの時代には「ノーベル賞」はまだ存在していないが、もしあったならば、化学賞を少なくとも2回、物理学賞を少なくとも4回受賞したのではないかと私は思う。ちなみに、私が、合計5回くらいノーベル賞を受賞しても不思議ではなかったと思うのはアインシュタインである。ただし、アインシュタインの場合はすべて物理学賞である（アインシュタインの存命中にはまだ制定されていなかったが、もし生きていれば経済学賞の受賞も可能だったかもしれない）。もちろん、「ノーベル賞」は科学者を評価する上での一つの要素に過ぎないとは思うが、ファラデイの偉大さを理解していただくために、一般にはわかりやすい指標だと思うのであえて記した次第である。

　ファラデイは"異色の科学者"だった。

　当時の傑出した科学者のほとんどの出自は中産階級で"生活"には困らず、高等教育を受けた人たちだったが、ロンドン郊外のスラム街の貧しい鍛冶屋の息子として生まれたファラデイは「読み書き算数」の最低限の教育しか受けていない。ところが、イギリス王立研究所の高名な化学者・デイヴィ（1778-1829）の夜間講話を聴きにいったことが、22歳の時、デイヴィの実験助手に雇われるという幸運に結びつき、その後はファラデイの"天才"が文字通り華々しく開花することになるのである。

　私が本書の冒頭で「自然現象はなぜ数式で表現できるのか」という"不思議"、結局は人間が創った数学に対する"驚き"なのであるが、ファラデイは正規の高等教育を受けていないことから、その数学が使えなかったといわれている。事実、ファラデイはきわめてすぐれた実験家ではあったが、数式による表現、数を使った論理展開は得意とするところではなかった。

　ファラデイは、自然現象を説明するのにきわめて有力な数学という"道具"は持っていなかったが、何にもまして科学者が持つべき最も重要な"感性"を、比類なき"感性"を持っていた。つまり、人間とはまったく関係ない自然現象を表現できる人間の創造物である数学にひたすら敬服して

いる私が申し上げたいのは、「数式を使った論理展開ができない」ということと「数学的思考ができない」ということとはまったく別のことだ、ということである。

本章のテーマの「電磁気学」はマクスウエルによって大成され、きわめて難解な電気と磁気の現象が「見事！」としかいいようがない $4 + \alpha$ の簡潔な方程式にまとめられるのであるが、そのマクスウエルが自著『電気磁気論』の中で「ファラデイの研究を検討していくうちに、彼が現象を扱う方法が数学的なものであることがわかった。一見、そのように見えないとすれば、それは彼の表現が従来の数学的表現とは異なることによる。」と述べている。

ファラデイは偉大な科学者であるばかりではなく、きわめてすぐれた教育者でもあった。その教育者としての業績は、1860年暮のイギリス王立協会「クリスマス講義」として行なった少年少女を対象にした「ロウソクの科学」と題する6回の講義に集約されていると思う。この講義録は岩波文庫[9]から出ているが、小学校の卒業式の日、私が担任の先生から「卒業祝い」として個人的にプレゼントされたのが、この文庫本の『ロウソクの科学』だった。小学生の私には、細かいことはよく理解できなかったが、「ありふれたロウソクの炎でもスゴイもんだなあ」という感想を持ったことはいまでもはっきりと憶えている。私は、この本を「物理」を仕事にするようになってからも何度か読んでいるが、少年少女にとってばかりでなく、そして一般的なおとなのみならず、私のように自然科学を勉強したり研究したりしている人にとっても十分に面白く、奥の深い内容を含んでいるスゴイ本だと思う。じつは、私が人生最初に"出合った"科学者がファラデイだったのである。

後年、このファラデイについての思い出を、『ロウソクの科学』を「卒業祝い」にくださった小学校の担任の先生に話し、なぜ私にそれをプレゼントしてくださったのか伺いたかったのであるが、残念ながら、その先生ははるか以前に亡くなってしまっていた。

【参考図書】
（１）　志村史夫『人間と科学・技術』（牧野出版、2009）
（２）　Ｋ．ヤスパース（重田英世訳）『ヤスパース選集9　歴史の起源と目標』（理想社、1964）
（３）　松長有慶『密教』（岩波新書、1991）
（４）　志村史夫『自然現象はなぜ数式で記述できるのか』（ＰＨＰサイエンス・ワールド新書、2010）
（５）　志村史夫『「水」をかじる』（ちくま新書、2004）
（６）　志村史夫『生物の超技術　あっと驚く木や虫たちの智恵』（講談社ブルーバックス、1999）
（７）　小林久理真（志村史夫監修）『したしむ電磁気』（朝倉書店、1998）
（８）　志村史夫、小林久理真『したしむ物理数学』（朝倉書店、2003）
（９）　M.ファラデイ（矢島祐利）『ロウソクの科学』（岩波文庫、1956）

志村史夫（しむら・ふみお）

静岡理工科大学教授。ノースカロライナ州立大学併任教授。応用物理学会フェロー。日本文藝家協会会員。
1948年、東京・駒込生まれ。名古屋工業大学大学院修士課程修了（無機材料工学）。名古屋大学工学博士（応用物理）。日本電気中央研究所、モンサント・セントルイス研究所、ノースカロライナ州立大学を経て、現職。
日本とアメリカで長らく半導体結晶の研究に従事したが、現在は、古代文明、自然哲学、基礎物理学、生物機能などに興味を拡げている。半導体、物理学関係の専門書・参考書のほかに、『古代日本の超技術（改訂新版）』『古代世界の超技術』『アインシュタイン丸かじり』『漱石と寅彦』『人間と科学・技術』『文系？理系？──人生を豊かにするヒント』『寅さんに学ぶ日本人の「生き方」』『スマホ中毒症』『一流の研究者に求められる資質』『木を食べる』など、一般向けの著書多数。

社会人のための物理学I　古典物理学

2015年10月15日発行

著　者　志村史夫
発行人　佐久間憲一
発行所　株式会社牧野出版
　　　　〒135-0053
　　　　東京都江東区辰巳1-4-11　STビル辰巳別館5F
　　　　電話 03-6457-0801
　　　　ファックス（ご注文）03-3522-0802
　　　　http://www.makinopb.com

印刷・製本　中央精版印刷株式会社

内容に関するお問い合わせ、ご感想は下記のアドレスにお送りください。
dokusha@makinopb.com
乱丁・落丁本は、ご面倒ですが小社宛にお送りください。
送料小社負担でお取り替えいたします。
© Fumio Shimura 2015 Printed in Japan
ISBN978-4-89500-194-6

物理学はこんなに面白い！

想像よりも身近だった物理学の世界！

社会人のための物理学
Ⅱ 物質とエネルギー

著：志村史夫

本体 2,600 円＋税

なぜ、あえて「社会人のための」と冠したかといえば、読者に「試験」を前提とした「学校の物理」から離れ、純粋に知的好奇心を楽しんでいただきたいと思ったからである。もちろん、読者を「社会人」に限定するものではなく、「試験」から離れ、純粋に知的好奇心を楽しみたいと思う「学生」のみなさんにも是非読んでいただきたいのである。　（著者まえがきより）

contents

第1章　人間と文明
1.1　人間と文化・文明
1.2　科学と技術
1.3　文明の本質

第2章　物質とエネルギー
2.1　自然の理解
2.2　エネルギーと物質

第3章　物質
3.1　物質の構造
3.2　原子の結合
3.3　物質の状態

第4章　エネルギー
4.1　エネルギーと仕事
4.2　エネルギー変換
4.3　力学的エネルギー
4.4　熱エネルギー
4.5　化学的エネルギー
4.6　核エネルギー
4.7　太陽エネルギー
4.8　未来志向エネルギー

第5章　物質と生命
5.1　結晶の生長
5.2　生命と生物
5.3　物質から生命へ

付録　元素の電子配置